普通高等教育电子信息类系列教材

本书配有以下教学资源：
- ★ 电子课件
- ★ 各章节应用案例源代码
- ★ 课程实施方案
- ★ 教学大纲

嵌入式系统开发基础教程
——基于 STM32F103 系列

高延增　龚雄文　林祥果　编著

U0240977

机械工业出版社

本书基于STM32F1xx系列芯片深入浅出地讲解了嵌入式系统开发的基础知识，同时概要地介绍了嵌入式系统的基本概念及嵌入式处理器的发展历程，主要内容包括：嵌入式系统开发所需的工具软件、通用输入输出、中断和事件、定时器、直接存储器存取、通用同步/异步通信、集成电路总线、串行外设接口、模/数转换器。本书的每个基础模块都配备了应用案例，帮助读者加深对理论知识的理解，所有案例都按实际嵌入式系统开发项目进行了架构设计，使用 Keil MDK 来开发，在 Proteus 上仿真测试通过。

本书可作为普通高校电子信息、自动化、计算机等专业的教材。

本书配有电子课件、课程教学大纲、教学实施方案、课程教案、各章节应用案例的源代码等教学资源，欢迎选用本书作教材的教师登录 www.cmpedu.com 注册下载，或发邮件至 jinacmp@163.com 索取。

图书在版编目（CIP）数据

嵌入式系统开发基础教程：基于STM32F103系列/高延增，龚雄文，林祥果编著. —北京：机械工业出版社，2021.1（2024.9重印）

普通高等教育电子信息类系列教材

ISBN 978-7-111-67346-0

Ⅰ.①嵌⋯ Ⅱ.①高⋯②龚⋯③林⋯ Ⅲ.①微型计算机-系统开发-高等学校-教材 Ⅳ.①TP360.21

中国版本图书馆 CIP 数据核字（2021）第 017654 号

机械工业出版社（北京市百万庄大街22号 邮政编码100037）
策划编辑：吉 玲 责任编辑：吉 玲 刘琴琴
责任校对：王 延 封面设计：张 静
责任印制：单爱军
唐山三艺印务有限公司印刷
2024 年 9 月第 1 版第 10 次印刷
184mm×260mm·14.25 印张·364 千字
标准书号：ISBN 978-7-111-67346-0
定价：39.80 元

电话服务 网络服务

客服电话：010-88361066 机 工 官 网：www.cmpbook.com
010-88379833 机 工 官 博：weibo.com/cmp1952
010-68326294 金 书 网：www.golden-book.com
封底无防伪标均为盗版 机工教育服务网：www.cmpedu.com

5G、人工智能、物联网、大数据是近几年的热点词汇，每个词汇都离不开嵌入式系统。在信息技术越来越发达的今天，嵌入式系统正在以前所未有的速度融入人们的生活和工作中。从普通的键盘、鼠标到无人机、3D 打印机，甚至是月球车、火星车，无不是嵌入式系统在大显身手。

进入 5G 时代，移动互联网的上行速度、下行速度大幅提升，更重要的是网络时延大幅缩短；另外人工智能、云计算经过多年的发展后也日趋成熟。所有这些都为物联网更大程度的普及打下了坚实的基础，可穿戴设备、智能驾驶系统、智能家居、远程智能设备控制、虚拟现实设备将更加普及。所有这些都需要大量高效而又富有创造力的嵌入式开发工程师来实现，未来，社会上对优秀嵌入式工程师的需求会呈井喷式增长。嵌入式中通用模组的大量使用，外加应用场景更加多样化，必然加速嵌入式开发工作的软硬件分离且对软件工程师的需求会大量增加，即嵌入式开发团队中一般会以 1∶N（N > 1）的比例来配置硬件工程师和软件工程师。

针对上述时代背景，本书是为有志于从事嵌入式系统研发相关工作的读者编写的一本嵌入式开发基础教材。本书可以作为普通高校电子信息、自动化、计算机等专业的教材，同时由于配备较完善的嵌入式开发基础知识讲解、开发案例和参考代码，也非常适合作为嵌入式开发入门的自学教材。

虽然本书在编写过程中尽量做到深入浅出，以使读者能够从零基础入门嵌入式开发，但依然建议读者在阅读本书之前具备一定的 C 语言开发基础以及硬件电路的基础知识。

本书中所有的工程案例都使用 Keil MDK 开发，在 Proteus 上仿真测试通过。使用 Proteus 而不是开发板进行案例仿真具有以下几个明显的好处：

1）降低入门门槛，学习过程中可以专注于基本概念和嵌入式软件开发的学习，不会因为在开发板调试上耗费过多精力而产生畏惧心理。

2）更利于教师组织教学，学生在课下也可以完成预习、练习等任务。

3）及时获得学习反馈，读者可以对书中的案例改进练习快速验证自己的想法，形成有效的学习闭环。

4）极大降低经济负担，学习过程中不需要额外购买各种设备，所需要的示波器、万用表等在 Proteus 里面都能找到。

本书共 11 章，主要包括以下内容：

1）第 1 章和第 2 章为准备内容。第 1 章简要介绍嵌入式系统的概念及嵌入式处理器的发展历程，第 2 章介绍 STM32 开发所需要的工具。

2）第 3 章对嵌入式系统芯片架构进行介绍。本章从图灵机开始讲起，主要目的是让读者对嵌入式系统的基本工作原理有一个感性的认识。

3）第 4 ~ 11 章是本书的主体部分，从最基本的通用输入输出、中断和事件、定时器到模/数转换器进行了详细的讲解。并且每章都配有一到两个工程实例，详细介绍了案例的开发过程并给出了附带说明的工程代码。

　　本书的案例全部采用 STM 官方的标准库函数开发完成，同时在必要的模块对 STM32 的寄存器原理进行了介绍。

　　本书第 1～6 章、第 10 章由常州工学院高延增编写，第 8 章、第 11 章由龚雄文编写，第 7 章、第 9 章由林祥果编写。全书由高延增负责规划和统筹。本书在编写过程中大量借鉴、参考了文献资料，除了书末已注明的参考文献外，还有芯片官方发布的各种参考资料，在此对这些文献资料的作者表示衷心感谢。

　　由于编者水平有限，书中难免会有疏漏，恳请广大读者批评指正。读者在使用本书过程中遇到的任何问题可以通过编者的微信个人公众号（codegao）和作者联系，也可以通过机械工业出版社的官方网站获得本书辅助电子资料。

 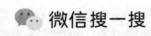

编著者

IV

目　录

前言

第1章　嵌入式系统概述 ·· 1
 1.1　理解嵌入式系统的概念 ··· 1
 1.2　嵌入式系统的处理器技术简介 ·· 4
 1.3　小结 ··· 6
 1.4　习题 ··· 6

第2章　STM32 开发工具基础 ·· 7
 2.1　嵌入式系统开发概述 ·· 7
 2.2　STM32 开发工具 ··· 12
 2.3　应用案例：STM32 模板工程 ·· 23
 2.4　小结 ··· 41
 2.5　习题 ··· 41

第3章　STM32F1 微处理器架构 ··· 42
 3.1　嵌入式系统芯片架构简介 ·· 42
 3.2　STM32F1 对 Cortex-M 的实现 ······································ 52
 3.3　小结 ··· 57
 3.4　习题 ··· 57

第4章　通用输入输出（GPIO） ··· 58
 4.1　STM32F1 系列芯片的常用封装 ······································ 58
 4.2　GPIO 工作原理 ··· 60
 4.3　GPIO 相关的常用库函数 ·· 66
 4.4　GPIO 应用案例：按键控制 LED ····································· 71
 4.5　小结 ··· 74
 4.6　习题 ··· 74

第5章　中断和事件 ··· 75
 5.1　中断的相关概念 ·· 75
 5.2　嵌套向量中断控制器（NVIC） ······································ 76
 5.3　外部中断/事件控制器（EXTI） ····································· 79
 5.4　中断应用案例：中断方式的按键控制 LED ···················· 82
 5.5　小结 ··· 89
 5.6　习题 ··· 89

V

第 6 章　定时器 ·· **90**

6.1　定时器的一般概念 ·· 90

6.2　系统滴答定时器（SysTick） ·· 93

6.3　实时时钟（RTC） ·· 98

6.4　看门狗 ·· 102

6.5　定时器 TIM1 ~ TIM8 ·· 109

6.6　定时器应用案例：利用 PWM 实现一个呼吸灯 ·················· 114

6.7　小结 ·· 119

6.8　习题 ·· 120

第 7 章　直接存储器存取（DMA） ·· **121**

7.1　DMA 概述 ·· 121

7.2　DMA 功能描述 ··· 123

7.3　DMA 寄存器 ··· 125

7.4　DMA 相关配置库函数 ··· 129

7.5　应用案例：DMA 传输 ··· 130

7.6　小结 ·· 138

7.7　习题 ·· 138

第 8 章　通用同步/异步通信 ·· **139**

8.1　串行通信原理概述 ·· 139

8.2　STM32F103xx 的串口工作原理 ··· 142

8.3　应用案例 1：串口查询方式接收 ·· 145

8.4　应用案例 2：串口中断方式接收 ·· 152

8.5　小结 ·· 154

8.6　习题 ·· 155

第 9 章　集成电路总线（I^2C） ·· 156

9.1　I^2C 总线通信概述 ··· 156

9.2　I^2C 功能模式 ·· 161

9.3　应用案例：I^2C 传输 ·· 167

9.4　小结 ·· 183

9.5　习题 ·· 183

第 10 章　串行外设接口（SPI） ··· 184

10.1　SPI 概述 ··· 184

10.2　SPI 常用库函数 ·· 189

10.3　应用案例：SPI 控制 74HC595 ··· 192

10.4　小结 ·· 200

10.5　习题 ·· 200

第 11 章　模/数转换器（ADC） ··· 201

11.1　ADC 原理概述 ··· 201

VI

11.2　ADC 库函数 ……………………………………………………………… 205

11.3　应用案例：ADC 实现单通道电压采集 …………………………………… 207

11.4　小结 ………………………………………………………………………… 216

11.5　习题 ………………………………………………………………………… 216

参考文献 ……………………………………………………………………… **217**

VII

第 **1** 章　嵌入式系统概述

简要来说，嵌入式系统是一种为特定应用而设计的专用计算机系统，它既是计算机系统的一种，又有别于通用计算机系统的特点。本章简要讲述嵌入式系统的概念及其核心处理器技术。

1.1　理解嵌入式系统的概念

1.1.1　嵌入式系统的概念

美国电气电子工程师学会（IEEE）对嵌入式系统的定义是：Devices used to control，monitor，or assist the operation of equipment，machinery or plants。翻译成中文为：嵌入式系统是"用于控制、监视或者辅助设备、机器和车间运行的装置"。IEEE 主要是从应用上加以定义的，从中可以看出嵌入式系统是软件和硬件的综合体，还可以涵盖机械等附属装置。事实上，嵌入式系统是一个外延很广的概念，特别是在后 PC 时代，嵌入式相关软硬件技术的发展非常迅速，因此很难给它一个非常精准的定义。

目前国内认同度较高的一个概念是：以应用为中心、以计算机技术为基础，软件、硬件可裁剪，适应应用系统对功能、可靠性、成本、体积、功耗严格要求的专用计算机系统。一个典型的嵌入式系统如图 1-1 所示。

综上所述，嵌入式系统是一种专用的计算机系统，可以作为装置或设备的一部分。嵌入式系统具备嵌入性、专用性、计算机系统三个关键属性。通常，嵌入式系统是一个将控制程序存储在只读存储

图 1-1　一个典型的嵌入式系统

器（Read Only Memory，ROM）中的嵌入式处理器控制板。事实上，所有带有数字接口的设备，如手表、微波炉、录像机、汽车、智能手机等，都可以使用嵌入式系统。

1.1.2　嵌入式系统的构成原理

几乎所有的系统都不会孤立存在，嵌入式系统也是一样，它或多或少都会从所处的环境中获取一些数据信息，然后再经过一定加工处理之后输出一些信号，通过这样的方式来帮助它的用户实现一些功能，在这个过程中它的用户可以通过特定的用户接口（如按键、指纹识别、触摸屏等）来对它发送一些指令。嵌入式系统的概念图如图 1-2 所示。

从图 1-2 可以看出，一个典型的嵌入式系统构成可以分成两大部分：一部分是嵌入式系统的核心构成，包括硬件和软件；另一部分是嵌入式系统的接口，包括用户交互、数据输入、数据输出、与其他系统的接口。

硬件是整个嵌入式系统的基础，其组成大致如图 1-3 所示，嵌入式系统的硬件部分由核心处理器和外围硬件组成。而外围硬件主要包括输入设备接口/驱动电路、电源模块、参考时钟、系统专用电路、输出设备接口/驱动电路；存储器、内部时钟、输入控制、串行接口、并行接口等。

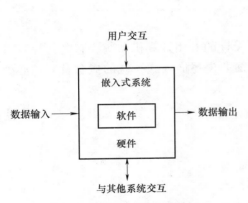

图 1-2　嵌入式系统的概念图

图 1-3　嵌入式系统硬件模块

嵌入式系统之所以能遍布各个行业，除了它的硬件外，与运行在硬件之上的软件也是密不可分的。笼统地讲，嵌入式系统软件是指运行在嵌入式系统硬件之上的操作系统软件以及运行在操作系统之上的应用软件，如图 1-4 所示。

由于嵌入式系统以应用为中心，所以根据嵌入式系统所要处理的应用不同，嵌入式系统软件的复杂程度区别很大。最简单的嵌入式系统仅有执行单一功能的控制能力，比如说单片机的应用，在唯一的 ROM 中仅有实现单一功能的控制程序，无微型操作系统。复杂的嵌入式系统如智能手机、平板计算机，具有与通用计算机几乎一样的功能。实质上此类嵌入式系统

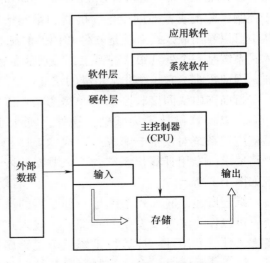

图 1-4　嵌入式系统软件框图

与通用计算机的区别仅仅是将微型操作系统与应用软件嵌入在 ROM、随机存取存储器（Random Access Memory，RAM）和/或闪速存储器（Flash Memory）中，而不是存储于硬盘等外接存储介质中。很多复杂的嵌入式系统可能又是由若干个小型嵌入式系统组成的。

1.1.3 常见的嵌入式系统分类标准

嵌入式系统的数量和种类繁多，依据不同的分类标准可以将嵌入式系统分成很多种不同类别。常见的嵌入式系统分类标准有两种：一种是依据整个系统的性能和功能要求分类；另一种是依据嵌入式系统的核心处理器的性能分类。依据这两种分类标准得到的嵌入式系统分类示意图如图 1-5 所示。

图 1-5 嵌入式系统分类示意图

1. 依据嵌入式系统的性能和功能要求分类

依据嵌入式系统的性能和功能要求，可将嵌入式系统分类为单片机系统、实时嵌入式系统、具备联网功能的嵌入式系统、移动嵌入式系统。

（1）单片机系统 单片机系统不需要操作系统，它可以独立工作。单片机系统通过输入接口采集数据，对数据进行加工处理后，根据处理结果向输出接口输出数据给其他系统或执行部件。例如，温度测量仪表（图 1-6）、微波炉（图 1-7）、一些电子游戏机等都是单片机系统的典型应用。

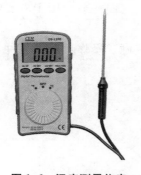

图 1-6 温度测量仪表

图 1-7 微波炉

（2）实时嵌入式系统 实时嵌入式系统是指能够在指定的时间内完成系统功能的系统，因此实时嵌入式系统应该在事先定义的时间范围内识别和处理各类事件，且系统能够实时处理和储存控制系统所需要的大量数据。实时嵌入式系统又可分为强实时系统（Hard Real-Time）、弱实时系统（Soft Real-Time）两类。

1）强实时系统：在航空航天、军事、核工业等一些关键领域中，处理任务过程中必须保证很好的实时性，否则就会造成如飞机失事等重大的安全事故、生命财产损失和生态破坏等。因此，在这类系统的设计和实现过程中，应采用各种分析、模拟及各种必要的实验验证对系统进行严格的检验，以保证在各种情况下应用的时间需求和功能需求都能够得到满足。

3

2）弱实时系统：某些应用虽然提出了时间需求，但偶尔违反这种实时任务处理需求对系统的运行以及环境不会造成严重影响，如视频点播系统、信息采集与检索系统就是典型的弱实时系统。在视频点播系统中，系统只需保证绝大多数情况下视频数据能够及时传输给用户即可，偶尔的数据传输延迟对用户不会造成很大影响，也不会造成像飞机失事一样严重的后果。

（3）具备联网功能的嵌入式系统 该类嵌入式系统可以连接局域网、广域网或互联网，连接方式可以是有线或无线的。随着物联网技术的深入应用，该类嵌入式系统是嵌入式系统应用中发展最快的。例如，市场上比较常见的智能家居系统就是该类系统的典型应用。

（4）移动嵌入式系统 该类嵌入式系统可能是人们日常生活中接触最多的，包括手机、数码相机、可穿戴智能设备等都属于该类系统。该类系统设备对运算能力、低功耗要求较高。由于移动互联网、物联网的迅猛发展，该类嵌入式系统和通用式计算机系统的界限也越来越模糊。

2. 依据嵌入式系统的核心处理器的性能分类

依据嵌入式系统的核心处理器的性能，可将嵌入式系统分为小型嵌入式系统、中等规模嵌入式系统、复杂的嵌入式系统。

（1）小型嵌入式系统 该类嵌入式系统主控制芯片通常是采用 8 位或 16 位的单片机，而且大多通过电池来供电。该类嵌入式系统的软件开发相对简单，通常会有配套的集成开发环境。

（2）中等规模嵌入式系统 该类嵌入式系统的主控芯片一般是单片 16 位或 32 位微控制器、RISCs 或 DSP，该类嵌入式系统不管是硬件还是软件都相对较为复杂。因此，开发该类系统需要的工具也较为复杂，常用的应用开发语言包括 C、C++、Java、Python 等，还需要配套的 IDE、仿真器等。

（3）复杂的嵌入式系统 该类嵌入式系统的软硬件都相当复杂，性能媲美通用计算机系统，往往需要专用集成电路、可扩展或可配置的处理器。它们一般被用于需要软硬件协同处理的复杂应用场景中。

除此之外，嵌入式系统还可以依据应用场景、是否联网、操作系统等各种不同的分类标准得到不同的分类结果。

1.2 嵌入式系统的处理器技术简介

1.2.1 ARM 的发展历程

说到 ARM 不得不提计算机系统的中央处理器（Central Processing Unit，CPU），它由运算器、控制器、寄存器三部分组成。从这三个单元的字面意思理解，它们分别负责运算、控制 CPU 发送每条指令所需要的信息、保存运算或者指令的一些临时文件以保证更高效。这三个部件紧密合作，共同完成处理指令、执行操作、控制时间、处理数据这四个计算机最重要的功能。

那么，嵌入式系统的 CPU 与通用计算机的 CPU 有什么异同点呢？嵌入式处理器与通用计算机的处理器在基本原理上相似，但是它的工作稳定性更高，功耗较小，对环境（如温度、湿度、电磁场、振动等）的适应能力强，体积更小，且集成的功能较多。嵌入式处理器担负着控制系统工作的重要任务，使宿主设备功能更智能化、设计更灵活、操作更简便。因此，嵌入式处理器一般必须具备以下特点：实时多任务支持能力强、具有存储区保护功能、可扩展的微处理器结构、较强的中断处理能力、低功耗等。

常见的嵌入式处理器有嵌入式微处理器（MPU）、嵌入式微控制器（MCU）、嵌入式 DSP 处理器、嵌入式片上系统、FPGA 处理器等几大类。嵌入式微控制器（MCU）是嵌入式系统芯片的主流产品，其品种多、数量大。嵌入式微处理器的发展速度很快，嵌入式系统已经广泛地应用于人们生活的各个领域，如计算机、汽车、航天飞机等。很显然，嵌入式处理器的发展方向为集成度越来越高、主频越来越高、机器字长越来越大、总线越来越宽、能同时处理的指令条数越来越多。

ARM 是嵌入式微处理器行业的一家知名企业，该企业设计了大量高性能、廉价、低耗能的精简指令集计算机（Reduced Instruction Set Computer，RISC）处理器、相关技术及软件。其处理器具有性能高、成本低、功耗低的特点，适用于多个领域，比如嵌入控制、消费/教育类多媒体、DSP 和移动式应用设备等。

ARM 公司成立于英国剑桥，主要出售芯片设计技术的授权。该公司采用 ARM 技术知识产权（Intellectual Property，IP）授权的核微处理器，即通常所说的 ARM 微处理器，已遍及工业控制、消费类电子产品、通信系统、网络系统、无线系统等各类产品市场，基于 ARM 技术的微处理器应用约占据了 32 位 RISC 微处理器 75% 以上的市场份额，ARM 技术已经渗入人们生活的各个方面。

ARM 公司专门从事基于 RISC 技术的芯片设计开发，作为知识产权供应商，它本身不直接从事芯片生产，靠转让设计许可由合作公司生产各具特色的芯片，世界各大半导体生产商从 ARM 公司购买其设计的 ARM 微处理器核，根据各自不同的应用领域，加入适当的外围电路，从而形成自己的 ARM 微处理器芯片。全世界有几十家大的半导体公司都使用 ARM 公司的授权，因此既使得 ARM 技术获得更多的第三方工具、制造、软件的支持，又使整个系统成本降低，产品更容易进入市场从而被消费者所接受，更具有竞争力。

ARM 合作社区包含 1200 多位伙伴。ARM 在低功耗方面的 DNA，刚好赶上了移动设备爆发式发展的时代，最终造就了它的辉煌。在即将到来的万物互联时代，ARM 会有更大作为。

本书后面的实验案例都是基于 STM32F1 系列控制器的，而 STM32 是意大利知名公司意法半导体生产的处理器，STM32 是采用 ARM Cortex-M0、M0 +、M3、M4、M7 内核作为基础架构设计的芯片。意法半导体在 ARM Cortex-M 内核上做了一系列的优化，包括存储器、引脚数量以及各种外设的优化与整改。

从诞生以来，ARM 产品分成了多种系列，比较经典的包括 ARM7、ARM9、ARM9E、ARM10E 等。ARM 公司在经典处理器 ARM11 以后的产品改用以 Cortex 命名，并分成 A、R 和 M 三类。"A" 系列面向尖端的基于虚拟内存的操作系统和用户应用；"R" 系列针对实时系统；"M" 系列针对微控制器。本书案例中使用的 STM32F103 系列 MCU 就是基于 ARM Cortex™-M 架构。

值得一提的是，国内以华为海思为代表的一批基于 ARM 架构的嵌入式微处理器也取得了很大的成功。

1.2.2　STM32 系列芯片简介

STM32 是意法半导体（STMicroelectronics）集团生产的一系列基于 ARM Cortex™-M 架构的嵌入式微处理器芯片。意法半导体（ST）集团于 1987 年成立，是由意大利的 SGS 微电子公司和法国 Thomson 半导体公司合并而成。1998 年 5 月，SGS-THOMSON Microelectronics 将公司名称改为意法半导体有限公司。意法半导体是世界最大的半导体公司之一。

根据意法半导体官网（https：//www. st. com/）的介绍，凡是微电子对人们的生活发挥积极影响的地方，都可以看到它们的产品。它们的产品集成了最先进的创新技术的意法半导体芯片，是各种产品设备的重要组件，如汽车系统及智能钥匙、大型机床及数据中心的电源、洗衣机和硬盘、智能手机和牙刷等。

目前，意法半导体已经推出了 STM32 基本型系列、增强型系列、USB 基本型系列、互补型系列；新系列产品沿用增强型系列的 72MHz 处理频率。内存包括 64 ~ 256KB 闪存和 20 ~ 64KB 嵌入式静态随机存取存储器（Static Random Access Memory，SRAM）。新系列采用 LQFP64、LQFP100 和 LFBGA100 三种封装，不同的封装保持引脚排列一致，结合 STM32 平台的设计理念，开发人员通过选择产品可重新优化功能、存储器、性能和引脚数量，以最小的硬件变化来满足个性化的应用需求。第 3 章 3.2 节中将有更详细介绍。

1.3　小结

本章主要内容包括嵌入式系统的基本概念、ARM 处理器技术简介两部分。

嵌入式系统本质上是一种专用的计算机系统，一般会用于某一种专用领域，而且其软件、硬件是可裁剪的，这两个特点决定嵌入式系统能够针对专用领域的应用在功能、可靠性、成本、体积、功耗方面比通用型计算机系统更有竞争优势。

ARM 是最常见的嵌入式控制器，因其体积小、低功耗、高性能等优点在嵌入式控制器市场占有绝对优势。本书内容都是基于 ARM 内核的 STM32F103x 系列芯片展开的。

1.4　习题

1. 什么是嵌入式系统？常见的分类标准有哪些？
2. 什么是嵌入式处理器？一款嵌入式处理器应该具备哪些特点？
3. STM32 与 ARM 有何种关联？
4. 一个典型的嵌入式系统由哪些模块构成？
5. 相对于通用计算机系统，嵌入式系统有什么特点？
6. 了解 ARM 公司的发展历史后，你认为 ARM 公司能取得巨大成功的原因有哪些？
7. 通过网络搜集资料整理嵌入式系统的产业链全貌，对比整个的嵌入式产业链，我国还有哪些环节急需加强？

第 2 章 STM32 开发工具基础

- 理解 CMSIS 接口标准在嵌入式系统软件开发中的意义
- 掌握 Keil MDK 和 Proteus 软件的安装与使用方法
- 掌握使用 Keil MDK 创建 STM32 模板工程的方法
- 掌握使用 Proteus 进行 STM32 工程仿真的方法

工欲善其事必先利其器，本章在讲述嵌入式系统开发一般流程的基础上重点介绍嵌入式系统开发中常用的开发工具 Keil MDK 以及系统仿真常用的工具 Proteus 的用法。

2.1 嵌入式系统开发概述

2.1.1 Cortex-M3 微控制器软件接口标准 CMSIS 概述

ARM Cortex™ 微控制器软件接口标准（Cortex Microcontroller Software Interface Standard, CMSIS）是 Cortex-M 处理器系列与供应商无关的硬件抽象层。CMSIS 可实现与处理器和外设之间的一致且简单的软件接口，从而简化软件的重用，缩短微控制器开发人员的学习过程，并缩短新设备的上市时间。

如 1.2.1 节中介绍，ARM 只是一个知识产权供应商，并不从事芯片生产，世界各大半导体生产商从 ARM 公司购买其设计的 ARM 微处理器核，根据各自不同的应用领域，加入适当的外围电路，从而形成自己的 ARM 微处理器芯片。虽然不同厂家（如 FSL、ST、Energy Micro 等）的内核都是使用 Cortex M，但是这些 MCU 的外设却大相径庭，外设的设计、接口、寄存器等都不一样。因此，即便是一个能够非常熟练使用 STM32 软件编程的工程师也很难快速地上手开发一款他不熟悉的 Cortex M 内核的芯片。

而 CMSIS 的目的是让不同厂家的 Cortex M 的 MCU 至少在内核层次上能够做到一定的一致性，提高软件移植的效率。CMSIS 的官方文档可以在 ARM 公司的官网上找到（https://developer. arm. com/tools-and-software/embedded/cmsis）。CMSIS 框架图如图 2-1 所示，CMSIS 包含以下组件：

1. CMSIS-CORE

CMSIS-CORE 提供 Cortex-M0、Cortex-M3、Cortex-M4、SC000 和 SC300 处理器与外围寄

存器之间的接口。

2. CMSIS-DSP

CMSIS-DSP 包含以定点（分数 q7、q15、q31）和单精度浮点（32 位）实现的 60 多种函数的 DSP 库。

3. CMSIS-RTOS API

CMSIS-RTOS API 用于线程控制、资源和时间管理的实时操作系统的标准化编程接口。

4. CMSIS-SVD

CMSIS-SVD 包含完整微控制器系统（包括外设）的程序员视图的系统视图描述 XML 文件。

此标准还可进行全面扩展，以确保适用于所有 Cortex-M 处理器系列微控制器，其中包括所有设备：从最小的 8KB 设备，直至带有精密通信外设（如以太网或 USB）的设备。而本书只涉及 CMSIS-CORE。

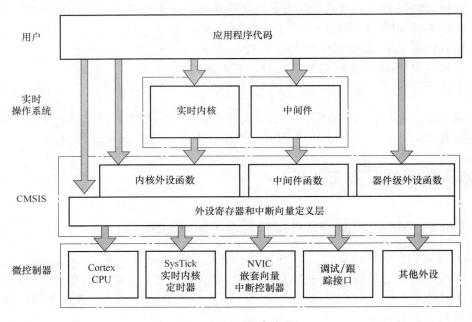

图 2-1　CMSIS 框架图

2.1.2　STM32F10x 标准外设库

STM32F10x 标准外设库实质上是一个固件函数包，它由程序、数据结构和宏组成，包含了所有标准外设的设备驱动，适用于多种 STM32 系列的微处理器。

这个库还包括每一个外设的驱动描述和应用实例，为开发者访问底层硬件提供了一个中间 API，通过使用固件函数库无需深入掌握底层硬件细节，开发者就可以轻松应用每一个外设，可以更好地将时间和精力集中到应用需求的实现上面，大大减少了开发者的开发成本。每个外设驱动都由一组函数组成，这组函数覆盖了该外设所有功能，每个器件的开发都由一个通用的标准化的 API 去驱动。

标准外设库可以在 ST 公司的官方网站下载，下载解压缩后包括一个说明文档"stm32f10x_stdperiph_lib_um.chm"和四个文件夹，分别是：①_htmresc：图片文件，用于 Release_

Notes. html 文件显示，对用户没什么用处；②Project：标准外设库驱动的完整例程；③Utilities：用于 STM32 评估板的专用驱动；④stm32f10x_stdperiph_lib_um. chm：库函数使用的帮助文档；⑤Libraries：库函数的源文件，这个目录下的文件就是要使用的标准外设库。

Libraries 目录下标准外设库源代码结构图如图 2-2 所示。

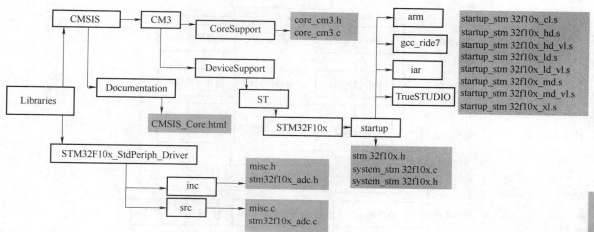

图 2-2　标准外设库源代码结构图

图 2-2 中，CMSIS 文件夹提供了对 STM32F10x 系列芯片的 Cortex- M3 内核的支持。Documentation 下有一个 CMSIS_Core. html 文件，是对 CMSIS 标准的描述。CM3 文件夹下的两个文件夹分别包括了核内外设访问层 CPAL 文件（core_cm3. h 和 core_cm3. c）、STM32F10x 系列 MCU 编写的设备外设访问层 DPAL 头文件 stm32f10x. h、设备外设访问层系统文件 DPALS（system_stm32f10x. h 和 system_stm32f10x. c）以及根据不同编译环境编写的启动汇编代码 startup 文件。

图 2-2 中，STM32F10x_StdPeriph_Driver 文件夹提供了 STM32F10x 系列芯片的标准外设驱动的头文件（inc 文件夹）和源文件（src 文件夹），包含了常用的如模/数转换器（ADC）、备份寄存器（BKP）、通用输入输出（GPIO）等在内的通用外设的驱动。具体的使用方法将在 2.3 节的应用案例中介绍。

2. 1. 3　嵌入式产品开发过程

一个产品从需求到开发上市，需要经历一个复杂的流程。工程实际中，产品的开发过程需要遵循一些基本的流程，都是一个从需求分析到总体设计，从详细设计到最后产品完成的过程。与普通电子产品相比，嵌入式产品的开发还包含嵌入式软件和嵌入式硬件的研发。

工程实践中，一般会采用如图 2-3 所示的九阶段法来进行嵌入式产品开发。

1. 第一阶段：产品需求

在这一阶段需要充分和产品需求方反复沟通确认，明确产品需求。只有需求明确了，产品开发目标才能明确。在产品需求分析阶段，可以通过以下这些途径获取产品需求：市场分析与调研、客户调研和用户定位、成本预算、产品分析等。

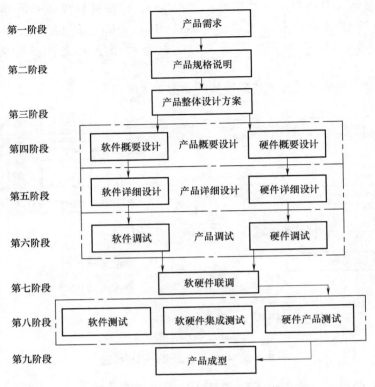

图 2-3　嵌入式产品开发九阶段法

2. 第二阶段：产品规格说明

前一个阶段已经搜集了产品的所有需求，而产品规格说明阶段的任务是将所有的需求细化成产品的具体规格。比如一个简单的 USB 转串口线，需要确定产品的规格，包括产品的外观、产品支持的操作系统、产品的接口形式和支持的规范等。在形成了产品规格说明后，后续的开发过程中必须严格遵守，没有特殊原因不能随意更改产品的需求。否则，产品的开发过程将变成一个遥遥无期不断修改需求的过程。

"产品规格说明"主要从以下方面进行考虑：

1）该产品需要哪些硬件接口；

2）在哪些环境下使用该产品，要做多大，耗电量如何。对于消费类嵌入式产品，还要进行外观、便携性、防水性等特殊需求的设计；

3）产品成本要求；

4）产品性能参数的说明，产品性能参数不同，产品规格自然不一样；

5）需要适应和符合的国家标准、国际标准或行业标准。

3. 第三阶段：产品整体设计方案

在完成产品规格说明以后，需要针对这一产品了解当前有哪些可行的方案，并对几个方案进行对比，包括从成本、性能、开发周期、开发难度等多方面进行考虑，最终选择一个最适合自己的产品整体设计方案。

在这一阶段，除了要确定具体实现的方案外，还需要综合考虑产品开发周期、总工时、需要哪些资源或者外部协助，以及开发过程中可能遇到的风险及应对措施，从而形成整个项目的项目计划，指导产品开发的全过程。

4. 第四阶段：产品概要设计

产品概要设计主要是在整体设计方案的基础上进一步细化，包括硬件概要设计和软件概要设计。

1）硬件概要设计主要从硬件的角度出发，确认整个系统的架构，并按功能来划分各个模块，确定各个模块的大概实现。首先要依据需要的外围功能以及产品功能来进行 CPU 选型（注意：CPU 一旦确定，那么周围硬件电路就要参考该 CPU 厂家提供的方案电路来设计）。然后再根据产品的功能需求选择芯片，比如是外接 AD 还是用片内 AD、采用何种通信方式、有什么外部接口，还有最重要的是要考虑电磁兼容。在进行器件选型时还要注意所选器件的生产周期，如果选用了一款即将停产的器件就会很麻烦。

2）软件概要设计主要是依据系统的要求将整个系统按功能进行模块划分，定义好各个功能模块之间的接口以及模块内主要的数据结构等。

5. 第五阶段：产品详细设计

1）硬件详细设计主要是具体的电路图和一些具体要求，包括 PCB 和外壳设计、尺寸等参数。接下来，就需要依据硬件详细设计文档的指导来完成整个硬件的设计，包括原理图、PCB 的绘制。

2）软件详细设计主要工作包括功能函数接口定义、接口函数功能设计、数据结构设计、全局变量设计、各个功能接口的具体调用流程。在完成了软件详细设计以后，就进入具体的编码阶段，在软件详细设计的指导下完成整个系统的软件编码。

6. 第六和第七阶段：产品调试与软硬件联调

第六阶段为嵌入式硬件、软件的分别调试，第七阶段为软硬件联调。这两个阶段主要是调整硬件或代码，修正其中存在的问题和 bug，使之能正常运行，并尽量使产品的功能达到产品规格说明的要求。

硬件部分：检查 PCB 板是否存在短路，器件是否焊错或漏焊接；测试各电源对地电阻是否正常；上电，测试电源是否正常；分模块调试硬件模块，可借助示波器、逻辑分析仪等。软件部分：验证软件单个功能是否实现，验证软件整个产品功能是否实现。

7. 第八阶段：测试

测试阶段主要有：功能测试（测试不通过，可能有 bug）；压力测试（测试不通过，可能有 bug 或参数设计不合理）；性能测试（产品性能参数要提炼出来供客户参考，这是产品特征的一部分）；其他专业测试，包括工业级的测试如抗干扰测试、产品寿命测试、防潮湿测试、高温和低温测试（有的产品在高温或低温的环境下无法正常工作，甚至停止工作）。

因为嵌入式系统的工作环境多种多样，有的设备电子元器件在特殊温度下，参数就会异常，导致整个产品出现故障或失灵的现象；有的设备在零下几十摄氏度的情况下无法启动，开不了机；有的设备在高温下，电容或电阻值就会产生物理的变化，这些都会影响产品的质量。

8. 第九阶段：产品成型

前面八个阶段全部完成后，即可得到一个完整的产品。在此阶段，可以比较实际的产品和最初形成的产品规格说明，检验产品是否符合最初的产品规格说明。或者在产品开发的过程中，产品规格发生了哪些修正。

当嵌入式系统的需求和开发目标确定后，一般还需要经过如图 2-4 所示的流程来进行实验验证。

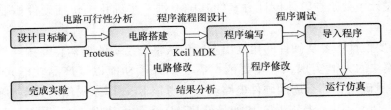

图 2-4　嵌入式系统实验验证流程图

2.2　STM32 开发工具

本书中的所有硬件实验仿真都在 Proteus 上实现，软件采用 Keil MDK 开发。本节简要介绍 Proteus 和 Keil MDK 的安装和使用方法。

2.2.1　Proteus 应用入门

Proteus 软件是英国 Lab Center Electronics 公司出品的电子设计自动化（EDA）工具软件，从原理图布图、代码调试到单片机与外围电路协同仿真，可一键切换到 PCB 设计，真正实现了从概念到产品的完整设计。它是一款将电路仿真软件、PCB 设计软件和虚拟模型仿真软件三合一的设计平台，其处理器模型支持 8051、HC11、PIC10/12/16/18/24/30/DSPIC33、AVR、ARM、8086 和 MSP430 等，2010 年又增加了 Cortex 和 DSP 系列处理器，并持续增加其他系列处理器模型。在编译方面，它也支持 IAR、Keil 和 MATLAB 等多种编译器。

由于 8 以前版本的 Proteus 不支持 STM32 仿真，所以读者在选用 Proteus 版本号的时候要注意。本书采用的 Proteus 是 8.6 版，安装环境是 Windows 10。Proteus 的安装非常简单，只需要根据提示选择合适的安装路径安装即可，在选择的安装路径中最好不要出现中文字符，以免使用过程中出现字符编码格式错误的问题。

打开 Proteus，主界面如图 2-5 所示。Proteus 的主界面比较简洁，由菜单与工具栏、快速入门、快速启动、帮助入口、推送消息、关于这六个区域组成。

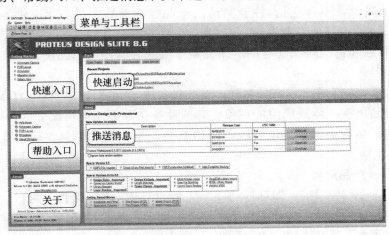

图 2-5　Proteus 主界面

单击快捷菜单中的 "Schematic Capture" 可以打开电路原理图编辑界面，如图 2-6 所示。打开电路原理图编辑界面，此界面主要分为缩略图、元件选择、编辑窗口三个区域，单击图 2-6 中的 "P" 按钮进入如图 2-7 所示的元件窗口选择要使用的元件，选好后在元件列表双击该元件，元件就会出现在图 2-6 中的元件（DEVICES）区域中，然后就可以将元件拖入编辑窗口进行原理图编辑了。下面对图 2-6 的主要区域进行介绍。

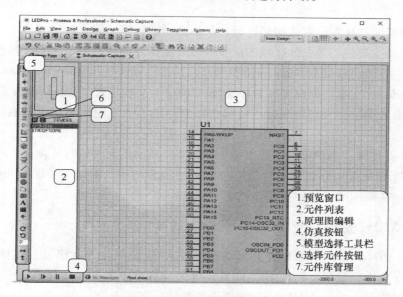

图 2-6　电路原理图编辑界面

1）预览窗口：当用户在元件列表用鼠标选中一个元件后，预览窗口中会显示该元件的预览图；当用户将鼠标焦点移动到原理图编辑区后，会显示整张原理图的缩略图，并会显示一个绿色的方框，绿色方框内就是当前原理图窗口中显示的内容，用户可以用鼠标右键点中绿色框并移动，来改变原理图编辑窗中的显示内容。

2）元件列表：将用户在如图 2-7 所示的元件选择窗口中双击选择的所有元件列在此处，用户可以通过右击选择然后在编辑窗口中使用。

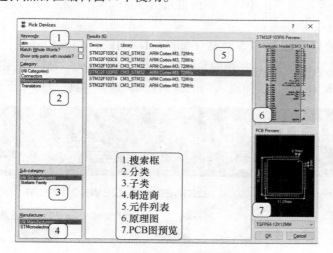

图 2-7　元件选择界面

3）原理图编辑窗口：与其他常见的软件编辑区不同，Proteus 的编辑窗口没有滚动条，用户可以通过移动缩略图中的绿色方框来改变可视区域。用户通过鼠标滚轮滚动改变视图的缩放比例；也可以通过点按鼠标滚轮并拖动来改变可视区域；通过先后单击元件列表中的元件，在原理图编辑窗口中用鼠标左键放置元件；双击原理图中的元件或者右击，选择"Edit Properties"来编辑元件的属性；鼠标左键可以用来连线、右键可以删除连线。

4）仿真按钮区：从左至右依次是运行、单步运行、暂停、停止。

5）模型选择工具栏：单击此区域的标签可以改变鼠标的状态，从上至下依次是选择模式（Selection Mode）、元件模式（Component Mode）、连接点模式（Junction Dot Mode）、线标模式（Wire Label Mode）、文本注释模式（Text Script Mode）、总线模式（Buses Mode）、子电路模式（Subcircuit Mode）等，当用户把鼠标指针停留在对应的标签上时，会在指针右下方显示提示消息。

6）选择元件按钮：用户单击此按钮弹出如图 2-7 所示的元件选择界面。

本书所有的 STM32 电路仿真实验都是在 Proteus 原理图编辑窗口中实现的，更加详细的使用方法和技巧将在后续的实验中穿插介绍。

2.2.2　Keil MDK 安装与使用入门

Keil MDK- ARM 是美国 Keil 软件公司（现已被 ARM 公司收购）出品的支持 ARM 微控制器的一款 IDE（集成开发环境）。MDK- ARM 包含工业标准的 Keil C 编译器、宏汇编器、调试器、实时内核等组件；包含 ARM C/C ++ 编译工具链，完美支持 Cortex- M、Cortex- R4、ARM7 和 ARM9 系列器件；包含世界品牌的芯片，比如 ST、Atmel、Freescale、NXP、TI 等众多大公司微控制器芯片。

MDK- ARM 专为微控制器应用而设计，不仅易学易用，而且功能强大，能够满足大多数苛刻的嵌入式应用开发需求。MDK- ARM 有四个可用版本，分别是 MDK- Lite、MDK- Basic、MDK- Standard、MDK- Professional。所有版本均提供一个完善的 C/C ++ 开发环境，其中 MDK- Professional 还包含大量的中间库。本书实验工程全部采用 MDK- Lite 版本开发，MDK- Lite 版本对工程代码的大小有限制，但不需要注册许可。

1. Keil MDK 下载

Keil MDK 的安装包可以从官方网站（http://www.keil.com/）获取，打开网站后在主界面中单击"Products"（图 2-8），在新的页面中单击"Arm Cortex- M"按钮进入 MDK 下载页，单击"Download MDK v5. 29"按钮进入新的页面后填写简单的信息即可下载。

图 2-8　Keil 官网主页

2. Keil MDK 安装

MDK 安装文件下载完成后，在选择的下载路径下找到"mdk529. exe"，双击运行开始安装。

用户在安装之前需要先确认个人的计算机是否满足 MDK 安装的系统要求。MDK 安装的最低硬件要求是 1GB 处理器、1GB 系统内存、2GB 的磁盘空间；而推荐的硬件环境要求是不低于 2GB 的 CPU、4GB 系统内存、5GB 的磁盘空间、2MB 及以上网速的上网环境。对于操作系统，MDK 可以支持 32 位或 64 位的 Windows7、Windows8、Windows10 的几乎所有发行版本。更详细的环境要求可以通过官网（http://www2. keil. com/system- requirements）查看。

前两个页面是对 Keil MDK 的提示，要求在安装 Keil MDK 时退出所有其他的 Windows 应用程序，需要同意终端用户的使用协议。如图 2-9、图 2-10 所示。

图 2-9　MDK 安装的 Release 页面

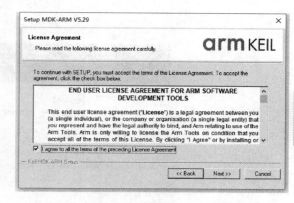

图 2-10　用户协议确认页面

路径选择：Keil MDK 的安装路径包括存放 MDK 核心功能文件的"Core"路径、工程开发所需的一些依赖库存放路径。在进行路径选择的时候，建议不要出现中文字符。如图 2-11 所示。

在用户信息输入页面填写姓名、公司名和邮箱，然后单击"Next"进入下一步。如图 2-12 所示。

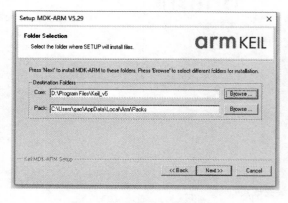

图 2-11　安装路径选择页面

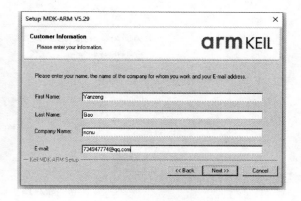

图 2-12　用户信息输入页面

接下来就是等待安装完成，等待安装的过程中会有"是否安装 ULINK 驱动"的提示，选择"安装"。如图 2-13、图 2-14 所示。

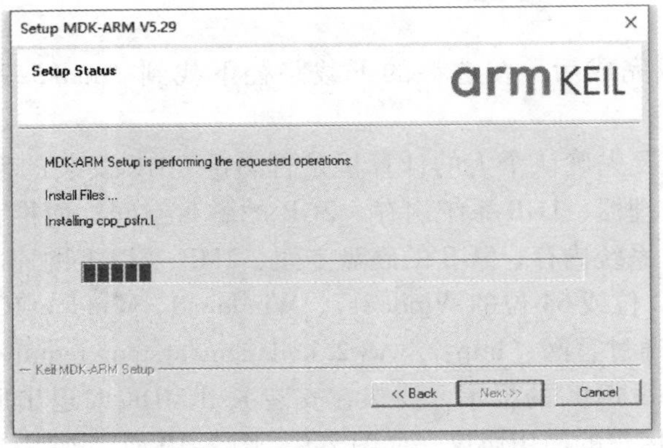

图 2-13　安装等待页面

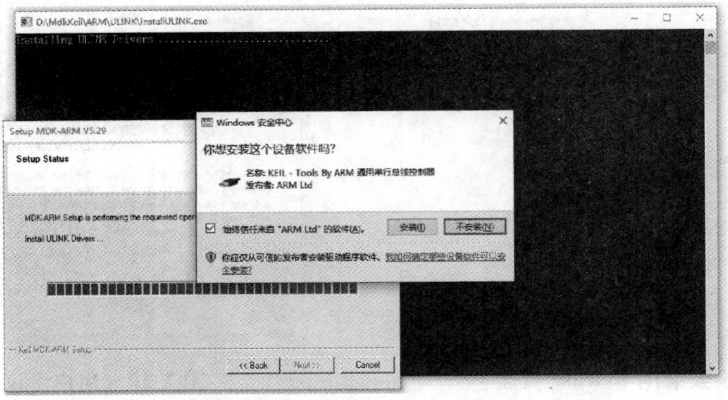

图 2-14　安装等待中 ULINK 驱动安装确认页

完成 Keil MDK 的安装（图 2-15），在正式使用它创建 STM32 工程之前，还需要安装对应的 STM32 芯片的依赖包。

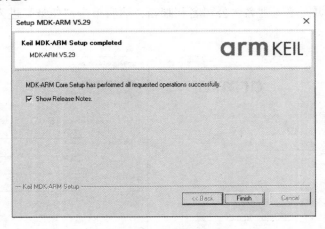

图 2-15　安装完成页

安装完成后第一次运行 Keil MDK，软件会自动弹出依赖包安装（Pack Installer）的界面。单击桌面上 Keil μVision5 的图标或在开始菜单中选择 Keil μVision5 运行 MDK，单击标签栏中的依赖包安装标签（图 2-16），调出依赖包安装的窗口（图 2-17）。

图 2-16　依赖包安装标签

MDK 中对嵌入式 MCU 依赖包的安装分为在线联网安装、离线安装两种方式，这里分别介绍。

（1）在线联网安装　在线联网安装的方法相对比较简单。MDK 的 Pack Installer 中的元件区是将元件按照树形方式存放的。选择将要使用的 MCU 的生产厂家（本书使用的 STM32F103 系列 MCU 的生产厂家是 STMicroelectronics），点开选择下一级直到找到要使用的 MCU，然后在右侧的依赖包（Pack）中选择需要安装的依赖包对应的版本号，最后单击对应右边一列中的安装（Install）按钮，即可实现依赖包的安装。本书中使用 STM32F1 系列芯片作为学习对象，所以选择安装的依赖包为 Keil STM32F1xx_DFP 2.3.0 版本，如图 2-17 所示。

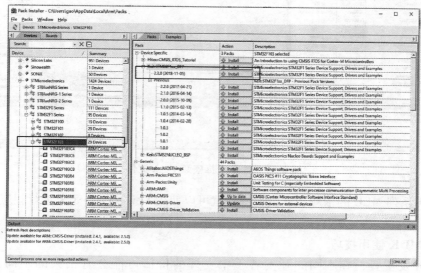

图 2-17　依赖包安装窗口

（2）离线安装　离线安装相对在线联网安装稍显复杂。首先需要用户自行下载 MCU 依赖包的离线安装文件，Keil 的官网（http://www.keil.com/dd2/pack/）有 MDK 支持的各种元件的依赖包可以下载，然后在打开的页面中向下滚动选择 STM32F1 系列的依赖包文件单击下载（Download）按钮下载即可。如图 2-18 所示。

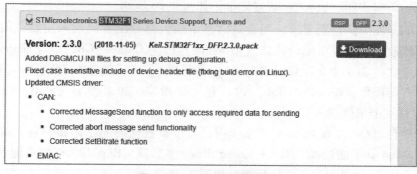

图 2-18　元件依赖包下载页

17

STM32F1 系列芯片的依赖包离线安装文件下载完成后，继续打开 Keil MDK 中的依赖包安装窗口，然后在 File 菜单中选择 Import 子菜单，在弹出的文件选择对话框中选择前面下载的 Pack 文件，然后单击"打开"按钮即可实现 MCU 依赖包的离线安装。如图 2-19 所示。

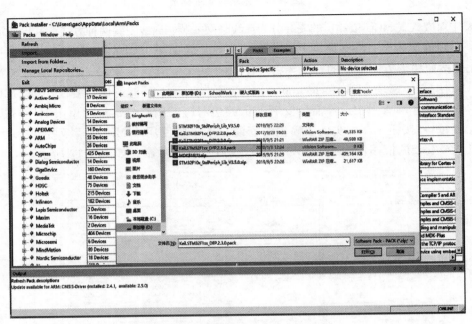

图 2-19　手动选择安装 Pack 文件

STM32F1 系列 MCU 的依赖包安装完成，就可以使用 Keil μVision5 来进行相应的嵌入式软件项目开发了。

3. Keil MDK 使用技巧

同样的开发工具，在不同的开发者手中发挥的价值可能会有很大的不同。在日常开发中，不断总结积累所用工具的一些经常使用的、可以提高开发效率的小技巧，可以使开发工作更高效。本小节介绍使用 Keil MDK 进行嵌入式软件项目开发过程中常用的一些技巧。

（1）文本美化　文本美化主要是设置一些关键字、注释、数字等的颜色和字体。MDK 提供了自定义字体颜色的功能。在菜单栏 Edit 下选择二级菜单 Configuration 或者单击工具栏的 标签可以调出 Keil MDK 的格式配置对话框，如图 2-20 所示。

若非所在的开发团队特别要求，配置对话框中的大部分配置属性采用默认值即可。只有几个属性需要修改：①建议将编码格式（Encoding）改为 Chinese GB2312（Simplified），以更好地支持简体中文（防止中文注释出现乱码）；②将 Tab size 设置为 4，便于按〈Tab〉键进行代码缩行、对齐等操作，按一次〈Tab〉键右移 4 个单位，如果按下〈Shift〉键的同时按下〈Tab〉键则左移 4 个单位。

在字体和颜色（Colors & Fonts）选项卡内，可以设置代码的字体和颜色。由于使用的是 C 语言，故在 Window 下面选择 C/C++ Editor files，然后就可以在对话框的右侧看到相应的元素了，还可以在 Font 栏设置字体、字号等。如图 2-21 所示。

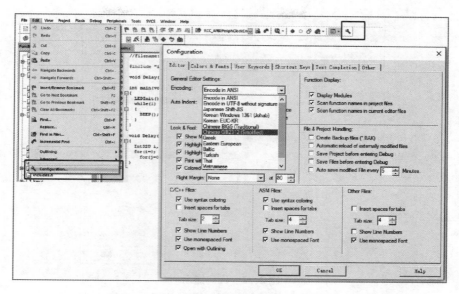

图 2-20　格式配置对话框

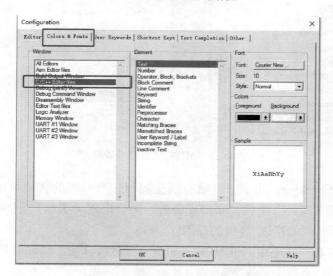

图 2-21　字体和颜色配置选项卡

19

在实际开发中，整个开发团队对于字体、字号、缩进、关键词颜色等的设置应保持一致，以避免代码共享过程中的歧义。

（2）代码补全提示和语法检测　Keil MDK 具备代码补全提示与动态语法检测功能。配置方法与文本美化类似，用同样方法打开配置（Configuration）对话框，选择代码补全（Text Completion）选项卡，如图 2-22 所示。

Strut/Class Members：用于开启结构体/类成员提示功能。

Function Parameters：用于开启函数参数提示功能。

Symbols after Characters：用于开启代码提示功能，即在输入多少个字符以后，提示匹配的内容（比如函数名字、结构体名字、变量名字等），这里默认设置 3 个字符以后就开始提示。开启代码提示后效果如图 2-23 所示，用户输入 3 个字符后 MDK 会提示可能的输入供用户选择，按键盘上的〈↑〉和〈↓〉键再按〈Enter〉键即可选择想要输入的选项。

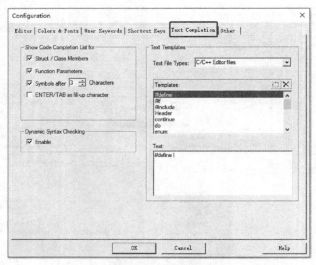

图 2-22　代码提示

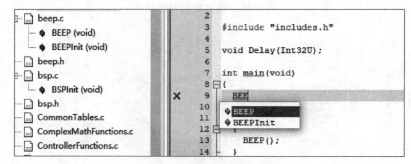

图 2-23　MDK 代码提示效果

Dynamic Syntax Checking：用于开启动态语法检测，当编写的代码可能存在语法错误时，会在对应行前面出现"叉号"图标；如出现警告，则会出现"警告"图标，将鼠标指针放在图标上面，则会提示产生的错误/警告的原因。

（3）代码编辑技巧　在使用 Keil MDK 进行嵌入式软件开发、编辑 C 语言代码时有些常用的小技巧可以帮助用户提高编码效率。

（4）利用〈Tab〉键实现代码块整体移位　在 Keil MDK 中，键盘上的〈Tab〉键除了可用作空位外，还支持块操作。用户可以让一片代码整体右移（或同时按住〈Shift〉键左移）固定的几个位。如图 2-24 所示，通过适当选择代码块，按两次〈Tab〉键即可将图中左边的代码块整理成最右边这种条理清晰、对齐合理的代码块。

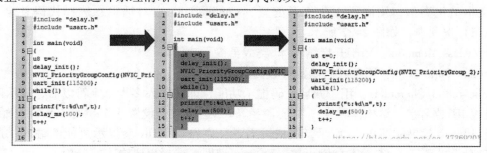

图 2-24　利用〈Tab〉键实现代码块整体移位

（5）**快速定位到函数（变量）被定义的位置**　在调试代码或编写代码时，需要快速定位某个函数定义的位置。MDK 提供了这样的快速定位的功能，只要把指针放到该函数（或变量）处，然后单击鼠标右键，在弹出菜单中选择 Go To Definition Of "＊＊＊＊" 即可实现函数（或变量）定义的快速定位，如图 2-25 所示。

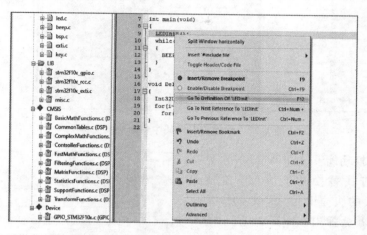

图 2-25　快速定位函数（变量）被定义的位置

（6）**代码块注释与取消注释**　选中想要注释的代码块，然后单击鼠标右键，在弹出的菜单中选择 Advanced→Comment Selection 即可完成代码块的注释，取消注释的方法类似，如图 2-26 所示。

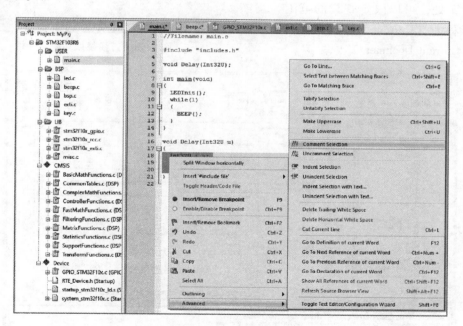

图 2-26　代码块注释

（7）**快速打开代码中包含的头文件（＊.h）**　将指针放到引用的头文件处，然后单击鼠标右键在弹出的菜单中选择→Open document "＊.h" 菜单项，就可以在 Keil MDK 中快速打开该头文件了，如图 2-27 所示。

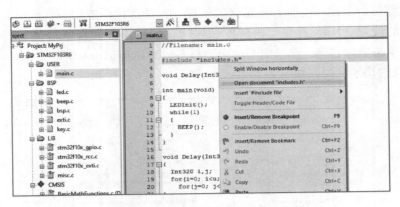

图 2-27 快速打开代码中包含的头文件

(8)查找替换功能 这和 Word 等常见文本编辑软件的查找替换功能类似，在 Keil MDK 里查找替换的快捷键是〈Ctrl + H〉，只要按下该快捷键就会弹出如图 2-28 所示的对话框，可以实现查找替换功能。

(9)查找功能 Keil MDK 有强大的查找功能，如图 2-29 所示。在图中单击 1 处工具栏中的 图标可以调出查找对话框。在查找对话框的 3 处，可以限定查找的范围为当前的整个工程中（Current Project）或当前活动的文档（Current Document）中。

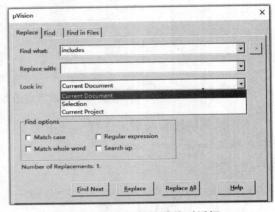

图 2-28 查找替换功能对话框

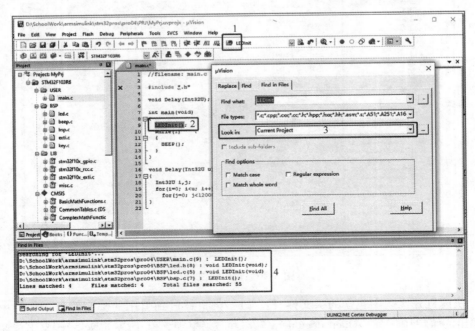

图 2-29 查找功能

单击查找对话框中的"Find All"按钮，MDK 会将查找结果显示在图 2-29 中的 4 处，双击 4 中的某一行可以快速定位该行在工程中的实际位置。

Keil MDK 还有很多隐藏的功能需要开发人员在开发过程中不断发现，在后续章节中的实验中将逐渐为大家介绍。

2.3　应用案例：STM32 模板工程

对于技术性知识，最高效的学习方法是尽快上手进行实操。本案例将和读者一起借助 Proteus 和 Keil MDK 构建一个基于 STM32F103R6 芯片的简单工程，即使用 STM32 的一个 I/O 端口点亮一个 LED。

GPIO 是 STM32 最常用的外设之一。相对于普通的 51 单片机，STM32 的 I/O 端口比较复杂，每个通用 I/O 端口包括四个 32 位配置寄存器（GPIOx_MODER、GPIOx_OTYPER、GPIOx_OSPEEDR、GPIOx_PUPDR）、两个 32 位数据寄存器（GPIOx_IDR、GPIOx_ODR）和一个 32 位置位/复位寄存器（GPIOx_BSRR）。此外，所有 GPIO 都包括一个 32 位锁定寄存器（GPIOx_LCKR）和两个 32 位复用功能选择寄存器（GPIOx_AFRH、GPIOx_AFRL）。但是，在本章中先不深究 GPIO 的内部实现，只是简单地通过它输出一个电平实现点亮 LED 的目标。关于 GPIO 的详细介绍见第 4 章。

本案例的硬件原理图如图 2-30 所示，从图中可以看出只要在 STM32F103R6 的 PA1 端口置为低电平，LED 即可导通点亮，反之熄灭。本章将采用 Keil MDK 开发库函数版本的 STM32 工程，然后载入 Proteus 的仿真电路中实现 LED 的点亮。

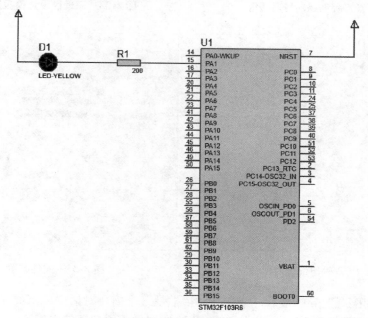

图 2-30　硬件原理图

2.3.1　创建 Proteus 仿真工程

单击 Proteus 工具栏中的 ▓ 图标或者单击菜单栏中的"File"菜单，然后选择"New Project", 弹出新工程创建向导的对话框。如图 2-31 所示。

1) 在新建工程向导第一个对话框的"Name"文本框中输入工程名称, 然后单击"Browse"按钮选择工程存放的路径, 如本书选择"D:\SchoolWork\armsimulink\ProteusPros"作为存放路径。单击"Next"按钮进入下一步。注意, 在存放路径中最好不要出现中文字符。

2) 进入原理图设计 (Schematic Design) 模板选择对话框, 按照向导对话框中默认选项使用默认的模板创建原理图即可, 如图 2-32 所示。在本例中, 只是用来仿真 STM32 的软件工程, 所以在接下来弹出的两个对话框中分别选择"Do not create a PCB layout"和"No Firmware Project"即可。如图 2-33、图 2-34 所示。

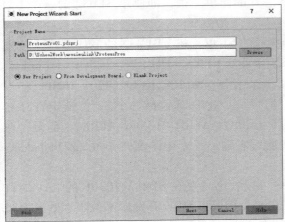

图 2-31 新工程创建向导对话框

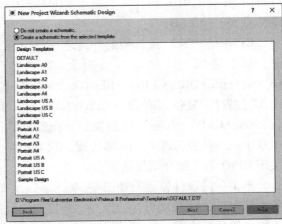

图 2-32 原理图设计模板选择对话框

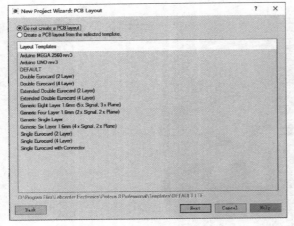

图 2-33 PCB 输出配置对话框

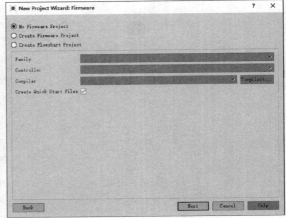

图 2-34 固件配置对话框

3) 新建工程配置向导的最后一个引导对话框是一个摘要对话框, 概要显示前面几步中用户所做的选择, 如图 2-35 所示。单击"Finish"按钮进入原理图编辑界面。

4) 进入原理图编辑界面后, 单击图 2-36 中箭头所指的"P"按钮调出元器件选择对话框, 将工程中将要用到的元器件筛选出来。

5) 如图 2-37 所示, 本案例需要用到 STM32F103R6、电阻 (RES)、黄色发光二极管 (LED-YELLOW) 三个元器件。在图 2-37 的区域 1 中输入要查找的元器件的关键字 (如 res) 可以对元

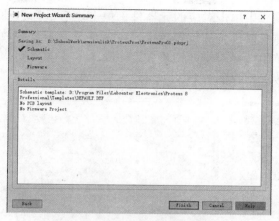

图 2-35　工程配置向导摘要对话框

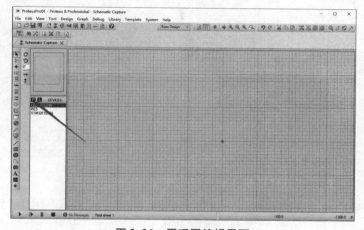

图 2-36　原理图编辑界面

器件进行筛选，在区域 2 中双击具体的元器件，就会在原理图编辑界面的元器件列表（区域 3）中出现对应的元器件供原理图绘制时使用。同样的方法找到 STM32F103R6 和 LED- YELLOW。

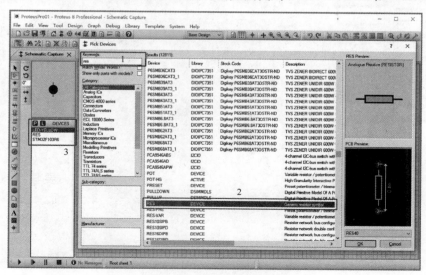

图 2-37　元器件选择对话框

6）在图 2-37 的区域 3 中单击对应的元器件，单击之后鼠标移动到原理图编辑区指针会变成铅笔的形状，然后在想要放置的位置单击，就实现了元器件的放置。选中元器件，然后单击鼠标右键在弹出菜单中选择对应的"旋转"（rotate）子菜单可以实现元器件的旋转。同样的方法将三个元器件放置好，如图 2-38 所示。

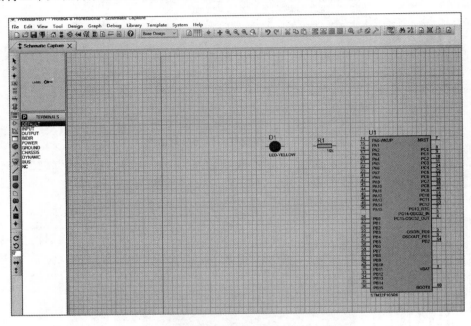

图 2-38　放置并旋转元器件

7）电路中的电源需要在终端列表中查找，单击左侧竖排工具箱中的"终端模式"（Terminals Mode）图标，然后在终端列表中单击 POWER，放置到原理图编辑区。放置好后，重新单击"选择模式"（Selection Mode）图标，将所有元器件按照图 2-39 所示连好。

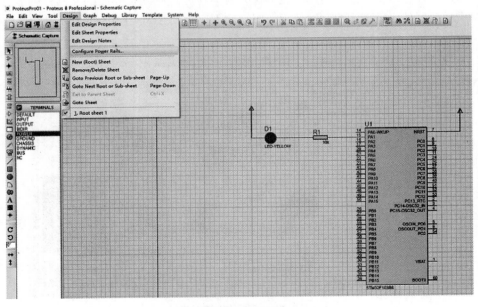

图 2-39　原理图

8）如果此时单击图 2-39 左下方的"运行仿真"（Run the simulation）图标 ▶，会出现如图 2-40 所示的错误提示。根据错误提示，需要在"电源配置"（Power Rail Configuration）中对 VDD 和 VSS 进行配置。

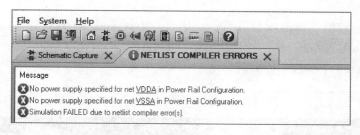

图 2-40　没有电源的错误提示

9）如图 2-39 所示，单击"Design"菜单，然后单击"Configure Power Rails"子菜单调出"Power Rail Configuration"对话框。在"Power Rails"选项卡中，选中"Unconnected power nets"列表中的所有选项，然后单击"Add→"按钮将它们添加到"Nets connected to GND"列表中，最后单击"OK"按钮完成操作。如图 2-41 所示。

还有一点需要注意的是，Proteus 中电阻的默认阻值是 10kΩ，10kΩ 的电阻会使 LED 导通电流特别小，LED 看上去好像没有发光。双击电阻或右击电阻在弹出菜单中选择"Edit Properties"子菜单调出如图 2-42 所示的电阻属性编辑对话框，将"Resistance"编辑框的值改为 200。

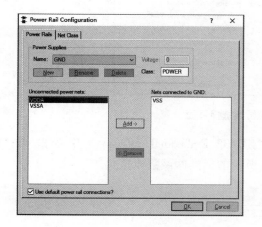

图 2-41　Power Rail 配置对话框

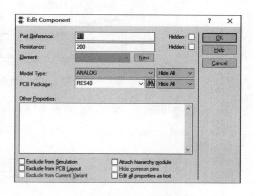

图 2-42　电阻属性编辑对话框

至此，已经完成了本案例的 Proteus 仿真原理图的准备工作。

2.3.2　Keil MDK 创建 STM32 模板工程

ST 为开发者提供了非常方便的开发库。到目前为止，有标准外设库（STD 库）、HAL 库、LL 库三种。前两者较常用，LL 库是后面添加的，随 HAL 源码包一起提供。STD 库和 HAL 库两者相互独立，互不兼容。相对于 STD 库，HAL 库可移植性更强，但与此同时却增加了代码量和代码的嵌套层级。

在本书的案例中，使用标准库函数来进行 STM32 软件项目开发。

1. 下载 STM32 标准库函数文件

由于 STM32 芯片的使用很广泛，标准库函数的下载渠道非常多。作为开发人员，可以直接在网上搜索或直接到 ST 官方网站下载。下面介绍如何在 ST 官网下载标准库函数，具体步骤如下：

1）打开 ST 的官网（https://www.st.com/content/st_com/en.html），在图 2-43 所示的页面中依次选择 "Tools & Software"→"Embedded Software"→"STM32 Embedded Software" 单击进入图 2-44 所示的标准库函数选择页面。

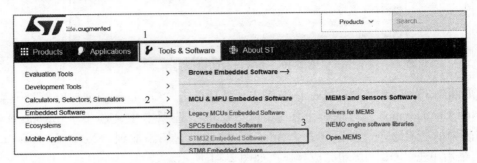

图 2-43　标准库下载入口

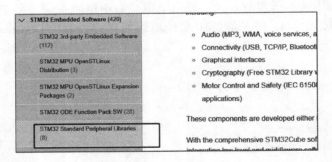

图 2-44　标准库函数选择页面

2）向下滚动页面，在左侧树形控件的 "STM32 Embedded Software" 中单击 "STM32 Standard Peripheral Libraries（8）"。进入图 2-45 所示的标准库函数概览页。

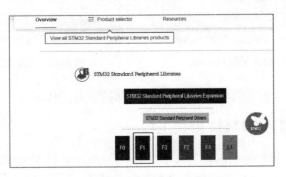

图 2-45　标准库函数的概览页面

3）概览页面中列出了标准库函数支持的 STM32 芯片的几个系列，选择本书中使用的 F1 系列并单击进入标准库函数的下载页面。如图 2-46 所示。

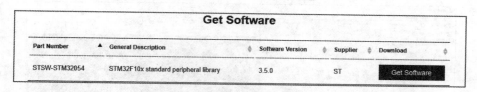

图 2-46　标准库函数的下载页面

4）在标准库函数的下载页面中找到"Get Software"列表，单击右侧的"Get Software"按钮，然后根据提示同意许可证协议（License Agreement）、在接下来的页面中填入姓名和邮箱，网站就会向用户的邮箱中发送一个下载链接，然后登录填入的邮箱找到 ST 网站发送的以"开始你的软件下载"（Start your software download）为主题的邮件，打开即可单击下载链接下载标准库函数。下载后是一个名为"en. stsw- stm32054. zip"的 ZIP 格式压缩文件。

需要注意的是，ST 的官方网站可能会进行一些改版，用户在进行标准库函数下载时可能需要根据实际情况做一些调整。

下载的文件解压缩后是一个名为"STM32F10x_StdPeriph_Lib_V3. 5. 0"的文件夹，文件夹中包含开发库函数版本的 STM32 应用所需的库函数。下面介绍如何使用这些库函数创建 STM32 的模板工程。

2. 创建 STM32 模板工程

在创建新的 STM32 项目工程时一般都是直接复制模板工程，在模板工程的基础上进行开发即可。不同的公司或开发团队对 STM32 模板工程的目录结构的要求可能会有不同，但大多都遵循库函数、项目文件、用户源码文件分文件夹存放的原则进行目录结构设计。

本小节介绍如何创建一个标准库函数版本的 STM32 模板工程，读者可以依照以下步骤实现 STM32 模板工程的创建。

1）在工程目录（如 D 盘）创建一个文件夹，命名为"STM32F103R6Pros"，然后在此文件夹中创建一个名为"Stm32F10xTemPro"的文件夹用来存放接下来将要创建的模板工程。

2）在"Stm32F10xTemPro"文件夹下新建五个子文件夹，分别命名为"BSP"（用于存放子模块程序文件）、"CORE"（用于存放核心文件和启动文件）、"PRJ"（用于存放工程文件和编译生成的文件）、"STM32F10x_FWLib"（用于存放 ST 官方提供的库函数源码文件）、"USER"（用于存放工程文件和主函数文件 main. c，以及其他包括 system_stm32f10x. c 等）。模板工程目录结构如图 2-47 所示。

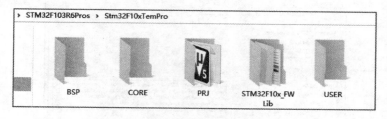

图 2-47　模板工程目录结构

3）打开 Keil MDK（Keil μVision5），单击"Project"菜单中"New μVision Project"子菜单，如图 2-48 所示。接着会弹出一个路径选择对话框。

4）在路径选择对话框中选择步骤 2）中创建的"PRJ"文件夹，将工程名字命名为 Template，单击"保存"按钮，如图 2-49 所示。接下来会弹出目标芯片选择对话框。

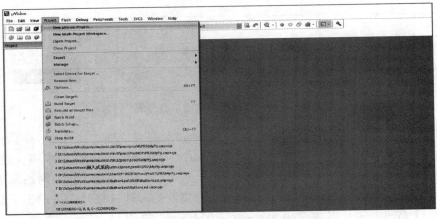

图 2-48　新建工程菜单

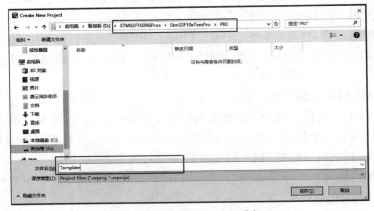

图 2-49　新建工程路径选择

5）如果在 2.2.2 节中正确安装了 STM32 的依赖包（Pack），在目标选择对话框的器件选择的树形控件中会有一个 STMicroelectronics 的选项，展开之后选择 STM32F103，继续单击展开，选择 STM32F103R6。选好之后，单击对话框左下方的"OK"按钮，如图 2-50 所示。此步骤完成后，自动跳转到运行环境管理（Manage Run-Time Environment）对话框。

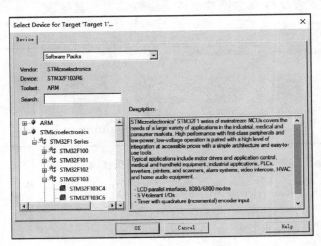

图 2-50　Device 选择对话框

6）在图 2-51 所示的运行环境管理对话框中直接单击"Cancel"按钮，因为需要的库文件将手动复制到对应的文件夹中。

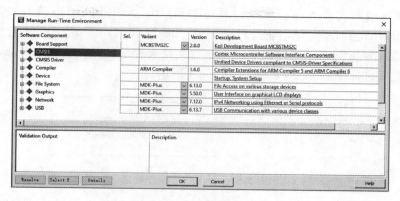

图 2-51　运行环境管理对话框

7）完成第 6 步之后，MDK 会自动回到图 2-52 所示的主界面。此时，在"PRJ"文件夹中 MDK 自动创建了一些文件夹和文件如图 2-53 所示。其中，"Template. uvprojx"是工程文件，其他三个文件夹用来存放编译过程中产生的中间文件。下面把下载的标准库文件复制到模板工程中。

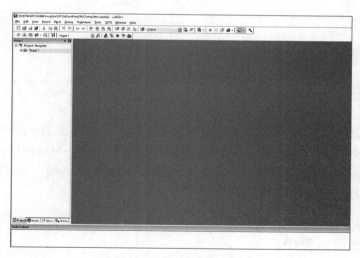

图 2-52　MDK 主页面

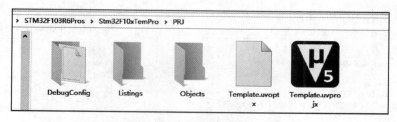

图 2-53　MDK 创建的文件夹和文件

8）找到上一小节下载的标准库文件，是一个名为"en. stsw- stm32054. zip"的 zip 压缩文件，解压缩后得到一个名为"STM32F10x_StdPeriph_Lib_V3. 5. 0"的文件夹。解压后的文件夹包含一个版本说明的 Release_Notes 文件、一个标准库函数的详细帮助文档（"stm32f10x_std-periph_lib_um. chm"）和四个文件夹。

9）在标准库函数文件夹中，依次打开 STM32F10x_StdPeriph_Lib_V3. 5. 0→Libraries→STM32F10x_StdPeriph_Driver。然后将此目录下的"inc"和"src"两个文件夹复制到图 2-47 所示的"STM32F10x_FWLib"文件夹下。"inc"文件夹存放的是对应的 ∗. h 头文件，"src"文件夹存放的是固件库中的 ∗. c 源文件如图 2-54 所示。

图 2-54　标准库函数文件

10）将官方的固件库中相关的启动文件复制到图 2-47 模板工程目录"CORE"下。依次打开文件夹 STM32F10x_StdPeriph_Lib_V3. 5. 0→Libraries→CMSIS→CM3→DeviceSupport→ST→STM32F10x→startup→arm，此文件夹存放的是所有可能用到的启动文件，用户需要根据实际选用的芯片选择合适的启动文件。如图 2-55 所示。

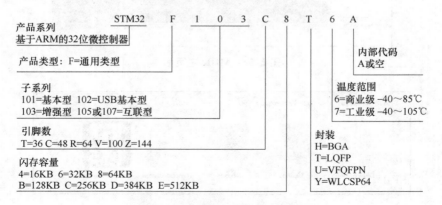

图 2-55　STM32 启动文件

具体的启动文件选择标准，要依据所选用芯片的 Flash 大小来选择，分为三种情况：①小容量：Flash ≤ 32KB 选择"startup_stm32f10x_ld. s"；②中容量：64KB ≤ Flash ≤ 128KB 选择"startup_stm32f10x_md. s"；③大容量：Flash ≥ 256KB 选择"startup_stm32f10x_hd. s"。而 STM32 的 Flash 大小可以根据图 2-56 所示的命名规则看出来。

```
STM32    F    1 0 3    C 8    T    6    A
```

产品系列
基于ARM的32位微控制器

产品类型：F=通用类型

子系列
101=基本型 102=USB基本型
103=增强型 105或107=互联型

引脚数
T=36 C=48 R=64 V=100 Z=144

闪存容量
4=16KB 6=32KB 8=64KB
B=128KB C=256KB D=384KB E=512KB

内部代码
A或空

温度范围
6=商业级 -40～85℃
7=工业级 -40～105℃

封装
H=BGA
T=LQFP
U=VFQFPN
Y=WLCSP64

图 2-56　STM32 芯片命名规则

本案例使用的 STM32F103R6 是小容量芯片，因此选用"startup_stm32f10x_ld. s"，将这个文件复制到模板工程目录的"CORE"文件夹中。

11）依次打开文件夹 STM32F10x_StdPeriph_Lib_V3.5.0→Libraries→CMSIS→CM3→Core-Support。将该目录下的两个文件 "core_cm3.c" 和 "core_cm3.h" 也复制到模板工程目录 "CORE" 文件夹中。

12）依次打开文件夹 STM32F10x_StdPeriph_Lib_V3.5.0→Libraries→CMSIS→CM3→Device-Support→ST→STM32F10x，将 "stm32f10x.h" "system_stm32f10x.c" "system_stm32f10x.h" 三个文件复制到图 2-47 模板工程目录的 "USER" 文件夹中。

13）打开 STM32F10x_StdPeriph_Lib_V3.5.0→Project→STM32F10x_StdPeriph_Template，将该目录下的四个文件 "main.c" "stm32f10x_conf.h" "stm32f10x_it.c" "stm32f10x_it.h" 复制到模板工程目录的 "USER" 文件夹中。完成这一步后，"USER" 文件夹中的文件如图 2-57 所示。

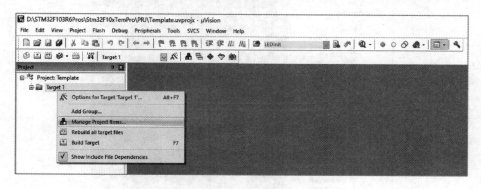

TM32F103R6Pros › Stm32F10xTemPro › USER			
名称	修改日期	类型	大小
main.c	2011/4/4 19:03	C 文件	8 KB
stm32f10x.h	2011/3/10 10:51	H 文件	620 KB
stm32f10x_conf.h	2011/4/4 19:03	H 文件	4 KB
stm32f10x_it.c	2011/4/4 19:03	C 文件	5 KB
stm32f10x_it.h	2011/4/4 19:03	H 文件	3 KB
system_stm32f10x.c	2011/3/10 10:51	C 文件	36 KB
system_stm32f10x.h	2011/3/10 10:51	H 文件	3 KB

图 2-57　"USER" 文件夹

14）将固件库中的相关文件复制到模板工程的对应目录后，还需要通过 Keil MDK 将这些文件加入到工程中。回到 Keil μVision5 的界面，鼠标右键单击 Target1，选择 Manage Project Items，或者直接单击工具栏中的 图标，调出 "Manage Project Items" 对话框。如图 2-58 所示。

图 2-58　项目项管理

15）在弹出的项目项管理（Manage Project Items）对话框 "Project Targets" 一栏中，用户可以自定义 Target 名字，双击即可修改名字，本案例中改为 "STM32F103R6"。接着在 "Groups" 一栏，选择 "Source Group1" 单击✖删掉或直接双击修改名字。然后单击◻图标新建四个组："USER" "BSP" "CORE" "FWLIB"。如图 2-59 所示。

16）接下来需要向新建的组（Group）中添加需要的文件。在图 2-59 中选中 Group 然后单击右边栏下方的 "Add Files" 按钮，将模板工程目录下 "CORE" 文件夹中的 "core_cm3.c" 和 "startup_stm32f10x_ld.s" 两个文件添加到组 "CORE" 中（注意：这里默认是选择 c 文件，所以需要在文件类型选择 All files，然后才能选中 .s 文件，如图 2-60 所示）。同样的方法将工程目录下 "USER" 文件夹下的三个 ∗.c 文件添加到 "USER" 这个 Group 中。再选中 "FWLIB"，然后将工程目录 "STM32F10x_FWLib/src" 文件夹下的所有 ∗.c 文件添加到这个 Group 中。单击 "OK" 按钮退出项目项管理对话框。此时的 Project 展开后如图 2-61 所示。

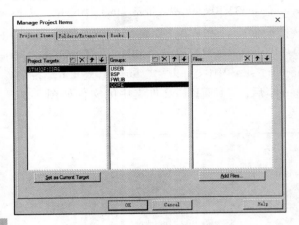

图 2-59 项目项管理对话框   图 2-60 文件选择对话框

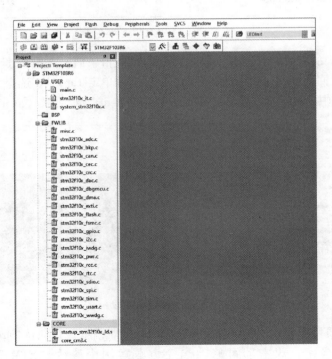

图 2-61 项目项管理完成后的 Project 展开

17）在图 2-62 中，右键单击 STM32F103R6 选择 "Options for Target 'STM32F103R6'"，调出 "Options for Target ∗∗∗" 的对话框。单击 "Output" 选项卡，单击 "Select Folder for Objects"，选择 "PRJ" 目录下的 "Objects" 子目录，将编译中间文件全部放在此处；然后，勾选 "Create HEX File" 复选框，单击 "OK" 保存。如图 2-63 所示。

18）将 ∗.h 头文件路径添加到工程中。如图 2-64 左侧所示，选择 "C/C ++" 选项卡，

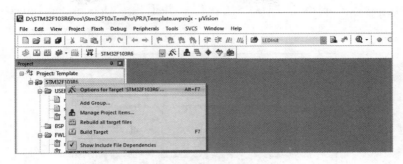

图 2-62　Options 菜单

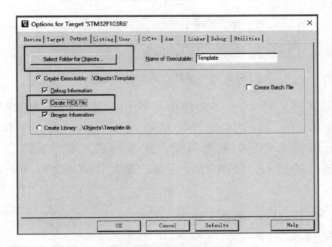

图 2-63　Options 对话框

单击 "Include Paths" 右侧的按钮，弹出 "Folder Setup" 对话框，然后将工程中所有的头文件所在的目录添加进去（注意：必须添加到最后一级子目录）。将图 2-64 右侧所示的目录全都加上。

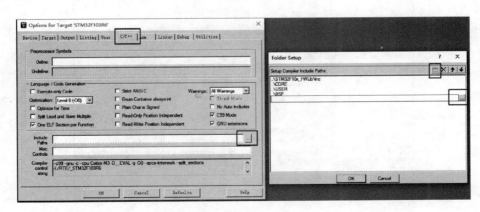

图 2-64　添加 ∗.h 头文件目录

19）配置全局宏定义变量。如图 2-65 所示，在 "C/C ++ " 选项卡的 "Define" 文本框中输入 STM32F10x_LD，USE_STDPERIPH_DRIVER（如果使用的是中容量的芯片，就输入 STM32F10x_MD，USE_STDPERIPH_DRIVER；大容量就输入 STM32F10x_HD，USE_STDPE-

RIPH_DRIVER）。输入完成单击"OK"按钮保存并退出"Options for Target'＊＊＊'"对话框。

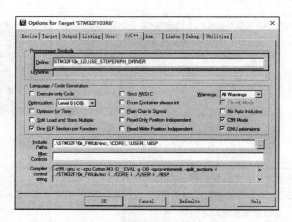

图 2-65　配置全局宏定义变量

20）更改 main. c 文件。将 main. c 文件中的代码删除，只保留如图 2-66 所示的 main函数。

21）单击 图标编译工程，如果前面操作正确的话，编译后就会有"0 Error(s)，0 Warning(s)."编译通过的提示，如图 2-66 所示。至此，STM32 库函数版的模板工程创建成功！

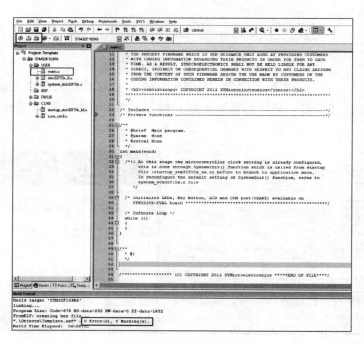

图 2-66　编译工程

2.3.3　工程代码

将上一节中创建的整个模板工程文件夹复制为一个新文件夹并将新的文件夹重命名为

"Pro01",然后清空子文件夹 "PRJ"。

按照 2.3.2 节中创建工程模板的步骤 2）~ 7），创建新的工程并命名为 "Pro01",存放目录为刚刚复制重命名的 "Pro01" 的子目录 "PRJ"。因为是直接复制的模板工程,所以可以跳过复制文件的步骤 8）~ 13）。接下来,根据步骤 14）~ 21）配置工程的 Items 和 Options。注意:因为本工程只需要操作 I/O 端口,所以步骤 16）中为 "FWLIB" Group 添加文件的时候只需要添加 "stm32f10x_gpio. c" "stm32f10x_rcc. c" 两个文件即可。操作完成后工程展开如图 2-67 所示。

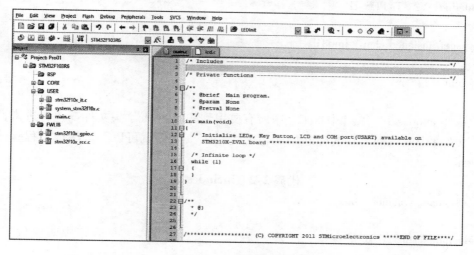

图 2-67　Pro01 工程目录

接下来才开始真正的案例代码编写,按照以下步骤来完成点亮 LED 工程代码的编写。

1. 创建代码文件

在工程目录的 "BSP" 文件夹下创建 "led. c" "led. h" 文件;在 "USER" 文件夹下创建 "includes. h" "vartypes. h" 文件。然后调出 Manage Project Items 对话框将 "led. c" 添加到 "BSP" 组中,如图 2-68 所示。添加文件,可以通过单击 "File" 菜单中的 "New" 子菜单创建,然后单击保存图标在弹出的文件保存对话框中选择文件的存放路径,并输入文件名及其扩展名。

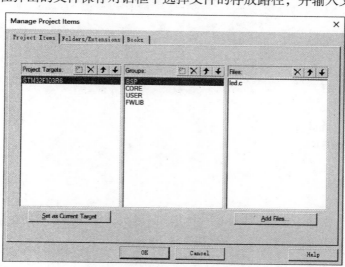

图 2-68　添加 led. c 文件

2. 编辑代码

1) 在"vartypes. h"文件中对工程中用到的变量类型进行宏定义，如代码 2-1 所示。

代码 2-1　vartypes. h

```
1   //Filename: vartypes. h
2
3   #ifndef _VARTYPES_H
4   #define _VARTYPES_H
5
6   typedef unsigned char    Int08U;
7
8   #endif
9
```

2) 在"includes. h"文件中将工程中所有要用到的"*.h"头文件都包含进来，这样在"*.c"源文件中就只需要在文件起始处包含这一个头文件就可以了，保持工程整洁，如代码 2-2 所示。

代码 2-2　includes. h

```
1   //Filename:includes. h
2
3   #include "stm32f10x. h"
4
5   #include "vartypes. h"
6   #include "led. h"
7
```

3) 在"led. h"文件中声明两个函数，如代码 2-3 所示。注意：在头文件中引用其他头文件时不能直接使用"include 'includes. h'"，否则在编译时会报"include itself"的错误。

代码 2-3　led. h

```
1   //Filename:led. h
2
3   #include "vartypes. h"
4
5   #ifndef_LED_H
6   #define_LED_H
7
8   void LEDInit( void );
9   void LED( Int08U );
10
11  #endif
12
```

4) 在"led. c"文件中实现"led. h"中声明的函数，如代码 2-4 所示。

代码 2-4　led. c

```
1   //Filename:led. c
2
```

```
3    #include "includes. h"
4
5    void LEDInit( void)
6    {
7      GPIO_InitTypeDef g;
8      RCC_APB2PeriphClockCmd( RCC_APB2Periph_GPIOA,ENABLE) ;
9
10     g. GPIO_Pin = GPIO_Pin_1 ;
11     g. GPIO_Mode = GPIO_Mode_Out_PP ;
12     g. GPIO_Speed = GPIO_Speed_10MHz ;
13     GPIO_Init( GPIOA ,&g) ;
14   }
15
16   void LED( Int08U state )
17   {
18     if( state == 0)
19     {
20       GPIO_SetBits( GPIOA ,GPIO_Pin_1) ;
21     } else
22     {
23       GPIO_ResetBits( GPIOA ,GPIO_Pin_1) ;
24     }
25   }
26
```

5) 更改 "main. c" 文件, 添加头文件, 并在 main( ) 函数中调用 LEDInit( ) 函数进行 PA1 口初始化, 调用 LED(1) 函数点亮 LED, 如代码 2-5 所示。

代码 2-5　main. c

```
1    / * Includes ------------------------------------------------* /
2    #include "includes. h"
3
4    int main( void)
5    {
6      / * Initialize LED ------------------------------------------* /
7      LEDInit( ) ;
8      LED( 1 ) ;
9
10     / * Infinite loop * /
11     while( 1 )
12     {
13     }
14   }
15
```

至此, 本案例的所有编码工作都已完成。如果前面操作正确, 此时编译工程会在 MDK 下方的"Build Output"中出现"0 Error(s), 0 Warning(s)"的提示。

2.3.4 仿真运行结果

代码编辑完成后，需要创建"*.hex"文件并把"*.hex"文件导入到 Proteus 工程中实现项目仿真。

在 Keil MDK 工具栏中单击 图标对工程进行构建（Build），如果中间对代码进行了更改，还需要单击 工具进行重新构建。如果工程构建成功，在工程路径下"PRJ"文件夹的"Objects"子文件夹中会生成一个"Pro01.hex"文件。如图 2-69 所示。

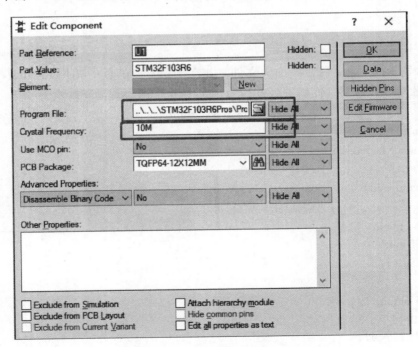

	2020/1/16 16:10	O 文件	373 KB
main.crf	2020/1/16 16:10	CRF 文件	338 KB
main.d	2020/1/16 16:10	D 文件	2 KB
main.o	2020/1/16 16:10	O 文件	371 KB
Pro01.axf	2020/1/16 16:10	AXF 文件	237 KB
Pro01.build_log.htm	2020/1/16 16:10	HTM 文件	2 KB
Pro01.hex	2020/1/16 16:10	HEX 文件	4 KB

图 2-69 "Pro01.hex"文件存放位置

打开 2.2.1 节中创建的 Proteus 工程"ProteusPro01"。然后，双击 STM32F103R6，在弹出的"Edit Component"对话框中编辑其属性。首先，单击"Program File"右侧的 图标将 MDK 工程中构建的"Pro01.hex"程序文件载入；然后，在"Crystal Frequency"编辑框中输入"10M"。单击"OK"按钮保存退出。如图 2-70 所示。

图 2-70 "Edit Component"对话框

最后，单击 Proteus 左下方的仿真运行图标 ，工程仿真运行效果如图 2-71 所示，LED 被点亮变成黄色。至此，第一个 STM32 项目——点亮 LED 的仿真工程就全部完成了。

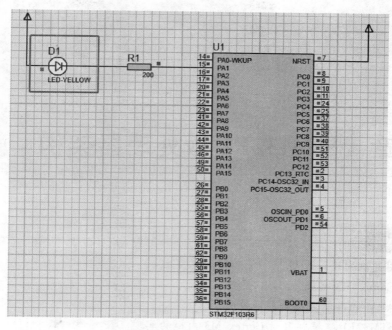

图 2-71　工程仿真运行效果

2.4　小结

本章主要介绍 STM32 嵌入式系统在本书后续章节学习需要用到的工具 Keil MDK 和 Proteus。

嵌入式系统的产品开发一般会经历需求分析、概要设计、详细设计、系统实现、系统测试这几个阶段，每个阶段都需要有相对应的输出结果。而对产品研发流程规范化的目的就是为了提高产品的质量、降低产品研发周期，并使开发出的产品符合目标客户需求。

好的开发工具和资源库能使当前的开发工作更好地为后续的开发提供资源支持，CMSIS、STM32 的标准库函数都是为这些目标服务的。有了 CMSIS、标准库的支持，嵌入式开发人员可以更好地将精力集中在产品功能的实现上。

本章的最后是通过一个简单的案例让读者掌握 Proteus、Keil MDK 的用法。

2.5　习题

1. CMSIS 的全称是什么？它有什么意义？
2. CMSIS 框架的基本功能层有哪些？
3. 进行嵌入式系统开发的一般流程是怎样的？
4. STM32 标准库函数可以支持哪些常见的外设？
5. Proteus 一类的软件在嵌入式系统研发中的作用是什么？
6. Keil MDK 总共有几种版本？各自有什么特点？
7. 创建模板工程的意义是什么？
8. 更改案例的电路和软件，实现两个 LED 灯的点亮。

第 **3** 章　STM32F1 微处理器架构

- 掌握图灵机的设计思想
- 了解 Cortex-M3 架构
- 了解 ARM 的存储器结构与地址映射
- 了解 STM32F1 微控制器对 Cortex-M3 内核的实现

1936 年，英国数学家阿兰·麦席森·图灵（1912—1954 年）提出了一种抽象的计算模型——图灵机（Turing machine）。图灵机又称图灵计算机，即将人们使用纸笔进行数学运算的过程进行抽象，由一个虚拟的机器替代人类进行数学运算。图灵提出的图灵机模型为现代计算机的逻辑工作方式奠定了基础。本章从图灵机开始，逐步将 STM32 的内核架构介绍给读者。

3.1　嵌入式系统芯片架构简介

3.1.1　由图灵机模型开始理解嵌入式系统的工作原理

1. 图灵机的概念

图灵机是由英国数学家图灵在一篇论文《论数字计算在决断难题中的应用》（*On Computable Numbers, with an Application to the Entscheidungsproblem*）中提出的一种理想机器，这种机器可以通过一些简单的、机械的步骤模拟人类的一切数学运算。

图灵机设想有一条无限长的纸带，纸带上有一个个方格，每个方格可以存储一个符号，纸带可以向左或向右运动。这个纸带就像现代计算机的存储器一样，纸带上面的每个格子是可以被读写的，在图 3-1 这个例子里，机器只能写 0、1 或者什么也不写。这个机器就是包含三种信号的图灵机（3-Symbol Turing machine）。

	0		1	1	0	0		

图 3-1　图灵机设想的无限长纸带

图灵机可以做下面三个基本的操作：①读取指针头指向的方格内的内容；②修改方框中的字符或者直接擦除方格内的内容；③将纸带向左或右移动，以便修改其临近方框的值。

2. 一个简单的例子

这个例子实现的功能是在纸带上打印"110"。如图 3-2 所示，其中黑色框表示探头所在的位置。具体步骤为：①探头写 1；②把纸带向左移动一格；③探头写 1；④把带子向左移动一格；⑤探头写 0。

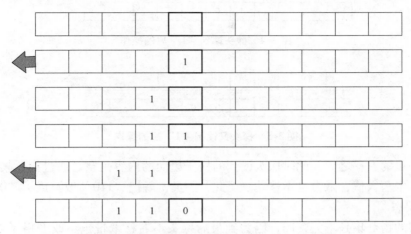

图 3-2 在图灵机的无限纸带上打印"110"示意

3. 一个简单的程序

上面的例子比较简单，再来看一个稍微复杂点的例子：利用图灵机的设计思路设计一个可以执行"状态反转"的程序，即将前面打印在纸带上的"110"每个位上的二进制取反变成"001"。

此时需要预先定义一个指令集，也就是当图灵机上的探头读到方格内的内容时可以查该指令集，然后将读取到的内容和指令集进行比对，根据指令集上的指示来进行下一步的操作。这个简单程序的指令集列表见表 3-1。

表 3-1 指令集列表

状 态	写 操 作	移 动 操 作
空	不写	不移动
0	写 1	右移一格
1	写 0	右移一格

下面看一下图灵机如何实现这个"状态反转"的小程序。如图 3-3 所示，探头读到的格子里的值是"0"，再查表 3-1 的第 2 行，知道当读到"0"时，探头在格子里写入"1"，然后右移一格。

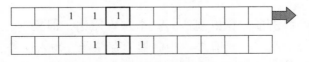

图 3-3 探头读到"0"后的操作

此时，探头读到"1"，通过查指令集表 3-1，探头写入"0"，然后右移。如图 3-4 所示。

操作完上一步之后，探头再次在格子中读到"1"，再次查指令集表 3-1，探头写入"0"，然后右移。如图 3-5 所示。

图 3-4 探头读到 "1" 后的操作

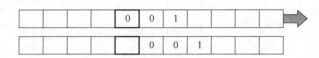

图 3-5 探头又读到 "1" 后的操作

经过上一步的右移之后，此时探头读到的格子里面的内容是空，通过指令集表 3-1 知道，探头不向格子中写入值，纸带也不移动。至此，图灵机就把 "110" 改写成了 "001"。

4. 机器状态

上面程序的指令集是不完整的，因为到最后探头不右移纸带也不改变格子里的值，但它还在不停地读取格子里的值然后查表。这个机器会一直重复执行命令，它并不知道何时停止执行，因此还需要引入一个机器状态（Machine State）的概念。插入机器状态后的指令集见表 3-2，在上面程序中最后探头读到一个空的格子后，就会停止。

表 3-2 插入机器状态后的指令集

状 态	写 操 作	移 动 操 作	机 器 状 态
空	不写	不移动	停止状态
0	写 1	右移一格	状态 0
1	写 0	右移一格	状态 0

如果把方格里面的状态从 "1" "0" "空" 三种继续增加，而相对应的指令集表 3-2 的行数也会跟着增加。这样的话，图灵机就可以通过简单的读单元格、查指令集表、改变单元格状态、移动纸带这些非常简单和基本的操作来进行非常复杂的数学运算了。

现在使用的各种计算机、嵌入式系统等虽然看似复杂，但本质上还是对图灵机的进化。

3.1.2 冯·诺依曼结构与哈佛结构介绍

理解了图灵机的基本思想，下面再来学习计算机中常见的冯·诺依曼结构和哈佛结构。

数学家冯·诺依曼提出了计算机制造的三个基本原则，即采用二进制逻辑、程序存储执行、计算机由五个部分组成（运算器、控制器、存储器、输入设备、输出设备），这套理论被称为冯·诺依曼结构（Von Neumann Architecture）。如图 3-6 所示为冯·诺依曼结构示意图。

从图 3-6 可以看出，冯·诺依曼结构计算机体系正是对图灵机的一种实现。图灵机中无限长的纸带对应冯·诺依曼计算机体系中的存储器，而读写头对应输入和输出，规则指令集对应运算器，而纸带怎么移动由控制器控制。

哈佛结构（Harvard Architecture）是一种将程序指令储存和数据储存分开的存储器结构。

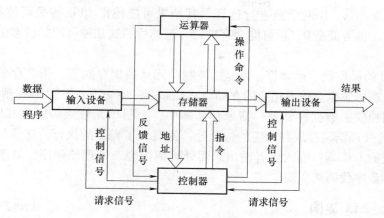

图 3-6　冯·诺依曼结构示意图

CPU 首先到程序指令存储器中读取程序指令内容，解码后得到数据地址，再到相应的数据存储器中读取数据，并进行下一步的操作（通常是执行）。程序指令储存和数据储存分开，指令和数据的储存可以同时进行，可以使指令和数据有不同的数据宽度。哈佛结构示意图如图 3-7 所示。

与冯·诺依曼结构处理器比较，哈佛结构处理器有两个明显的特点：一是使用两个独立的存储器模块分别存储指令和数据，每个存储模块都不允许指令和数据并存；二是使用独立的两条总线分别作为 CPU 与每个存储器之间的专用通信路径，而这两条总线之间毫无关联。

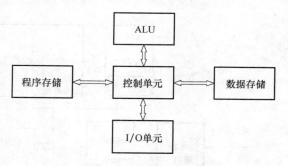

图 3-7　哈佛结构示意图

哈佛结构处理器通常具有较高的执行效率，其程序指令和数据指令分开组织和储存，执行时可以预先读取下一条指令。目前使用哈佛结构的中央处理器和微控制器有很多，Microchip 公司的 PIC 系列、摩托罗拉公司的 MC68 系列、Zilog 公司的 Z8 系列、ATMEL 公司的 AVR 系列。ARM 有许多不同系列，其中既有冯·诺依曼结构也有哈佛结构，而 Cortex-M3 系列就是哈佛结构的。

3.1.3　算术逻辑单元

算术逻辑单元（Arithmetic Logic Unit，ALU）是 CPU 的执行单元，是其核心组成部分。ALU 是由"与门"（And Gate）和"或门"（Or Gate）构成的算术逻辑单元，主要功能是进行算术和逻辑运算。这里只简单介绍 ALU 的基本实现思想，以帮助读者更好地理解 ARM 的内部架构。

ALU 有四个关键要素：操作数、运算符、状态、运算结果，如图 3-8 所示。例如，需要 ALU 对 A 和 B 两个操作数求和，那么会有几个关键的步骤：①把 A、B 作为操作数输入 ALU；②把求和运算符也输入 ALU；③ALU 对 A、B 两个数进行求和操作；④ALU 会输出一个求和结果和一个状态标志。

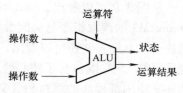

图 3-8　ALU 工作原理示意图

这里的状态标志是指 A、B 两个数进行运算后其结果可能超出 CPU 的最高位数产生的溢出，可能是一个负数，也可能是 0，也可能会有进位，运算后的这几种可能的状态也会随着运算结果一起输出。

而输入 ALU 的操作数、运算符，就是由控制单元从数据存储器、指令存储器得到的，最后运算结果和状态标志也会输入相应的存储单元。那么，将一系列需要 ALU 帮忙处理的事情，按照顺序排放到相应的数据存储器、指令存储器中，控制单元依照顺序将其取出输入 ALU，然后再将 ALU 的处理结果存放到相应的位置处，就实现了程序的执行。这些操作数、处理结果等会由相对应的 I/O 端口输入或者输出。而处理的内容、处理的顺序、处理结果的输出等都可以由相应的程序代码来实现。

3.1.4 Cortex-M3 架构

Cortex-M3 是一款具有低功耗、少门数、短中断延时、低调试成本等优点的 32 位处理器内核。Cortex-M3 采用了哈佛结构，拥有独立的指令总线和数据总线，指令总线和数据总线共享同一个 4GB 的存储器空间。如图 3-9 所示为 Cortex-M3 的内部架构框图。

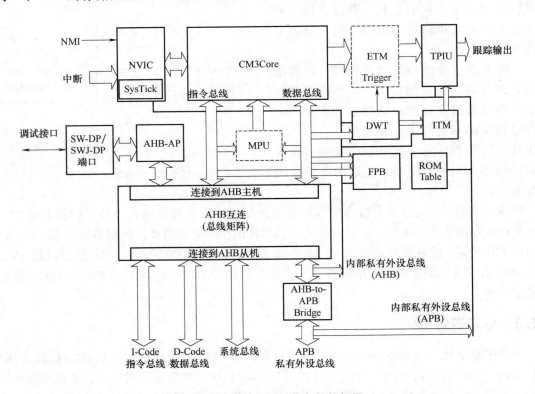

图 3-9　Cortex-M3 的内部架构框图

从图 3-9 可以看出，Cortex-M3 内部有多条总线接口，独立的指令总线和数据总线使得 Cortex-M3 的读取指令与访问数据并行执行，这样一来数据访问不占用指令总线，使得性能成倍提升。从图 3-9 还可以看出，与通用计算机的 CPU 相比，Cortex-M3 处理器更像是一个"处理子系统"，它既包含了核心处理模块"CM3Core"，还集成了调试组件、总线桥、SysTick 等。图 3-9 中内部模块的缩写和含义见表 3-3。

表 3-3　Cortex-M3 内部模块缩写及其含义

缩　写	含　义
NVIC	嵌套向量中断控制器
SysTick	简易的周期定时器，用于提供时基
MPU	存储器保护单元（可选）
BusMatrix	内部的 AHB 互连
AHB-to-APB Bridge	把 AHB 转换为 APB 的总线桥
SW-DP/SWJ-DP	串行线调试端口/串行线 JTAG 调试端口，通过串行线调试协议或传统的 JTAG 协议（专用于 SWJ-DP），都可以用于实现与调试接口的连接
AHB-AP	AHB 访问端口，它把串行线/SWJ 接口的命令转换成 AHB 数据传送
ETM	嵌入式跟踪宏单元（可选组件），调试用，用于处理指令跟踪
DWT	数据观察点及跟踪单元，调试用，是一个处理数据观察点功能的模块
ITM	指令跟踪宏单元
TPIU	跟踪端口的接口单元，所有跟踪端口发出的调试信息都要先送给它，它再转发给外部跟踪捕获硬件
FPB	Flash 地址重载及断点单元
ROM Table	一个简单的查找表，其中存储了配置信息

47

在图 3-9 中，与应用程序关联的模块主要有：

1. CM3Core

CM3Core 是 Cortex-M3 处理器的中央处理核心。

2. 嵌套向量中断控制器（NVIC）

NVIC 是在 CM3 中内建的中断控制器，中断的具体路数由芯片厂商定义。NVIC 与 CPU 紧密耦合，它还包含了若干个系统控制寄存器。NVIC 支持中断嵌套，使得在 CM3 上处理嵌套中断时非常灵活。它还采用了向量中断的机制，即在中断发生时，它会自动取出对应的服务例程入口地址并且直接调用，无需软件判定中断源，可以缩短中断延时。

3. 系统滴答定时器（SysTick）

系统滴答定时器（SysTick）是一个基本的倒数定时器，用于每隔一定的时间产生一个中断，即使系统在睡眠模式下也能工作。它使得操作系统在各 CM3 器件之间的移植中不必修改系统滴答定时器的代码，提高了嵌入式操作系统的可移植性。SysTick 也是作为 NVIC 的一部分实现的。

4. 存储器保护单元（MPU）

MPU 是一个选配的单元，有些 CM3 芯片可能没有配备此组件。MPU 可以把存储器分成一些区域（Regions），并分别予以保护；还可以让某些区域在用户级下变成只读，从而阻止了一些用户程序破坏关键数据。

5. BusMatrix

BusMatrix 是 CM3 内部总线系统的核心，是一个 AHB 互连的网络，通过它可以让数据在不同的总线之间并行传送（前提是两个总线主机不同时访问同一块内存区域）。BusMatrix 还提供了附加的数据传送管理设施，包括一个写缓冲以及一个按位操作的逻辑。

6. AHB-to-APB Bridge

AHB-to-APB Bridge 是一个总线桥，用于把若干个 APB 设备连接到 CM3 处理器的私有外设总线上（内部的和外部的），这些 APB 设备常见于调试组件。CM3 还允许芯片厂商把附加的 APB 设备挂在这条 APB 总线上，并通过 APB 接入其外部私有外设总线。

图 3-9 中其他的组件都用于调试，通常不会在应用程序中使用它们。

7. SW-DP/SWJ-DP

串行线调试端口（SW-DP）/串口线 JTAG 调试端口（SWJ-DP）都与 AHB 访问端口（AHB-AP）协同工作，以使外部调试器可以发起 AHB 上的数据传送，从而执行调试活动。处理器核心的内部没有 JTAG 扫描链，大多数调试功能都是通过在 NVIC 控制下的 AHB 访问来实现的。SWJ-DP 支持串行线协议和 JTAG 协议，而 SW-DP 只支持串行线协议。

8. AHB-AP

AHB 访问端口通过少量的寄存器，提供了对全部 CM3 存储器的访问机能。该功能块由 SW-DP/SWJ-DP 通过一个通用调试接口（DAP）来控制。当外部调试器需要执行动作时，就要通过 SW-DP/SWJ-DP 来访问 AHB-AP，从而产生所需的 AHB 数据传送。

9. 嵌入式跟踪宏单元（ETM）

ETM 用于实现实时指令跟踪，它是一个选配件。ETM 的控制寄存器是映射到主地址空间上的，因此调试器可以通过 DAP 来控制它。

10. 数据观察点及跟踪单元（DWT）

通过 DWT 可以设置数据观察点，当一个数据地址或数据的值匹配了观察点，就产生了一次匹配命中事件。匹配命中事件可以用于产生一个观察点事件，后者能激活调试器以产生数据跟踪信息或者让 ETM 联动。

11. 指令跟踪宏单元（ITM）

ITM 有多种用法：软件可以控制该模块直接把消息送给 TPIU（类似 printf 风格的调试）；还可以让 DWT 匹配命中事件通过 ITM 产生数据跟踪包，并把它输出到一个跟踪数据流中。

12. 跟踪端口的接口单元（TPIU）

TPIU 用于和外部的跟踪硬件（如跟踪端口分析仪）交互。在 CM3 内部，跟踪信息都被格式化成"高级跟踪总线（ATB）包"，TPIU 重新格式化这些数据，从而让外部设备能够捕捉到它们。

13. FPB

FPB 提供 Flash 地址重载和断点功能。Flash 地址重载是指当 CPU 访问的某条指令匹配到一个特定的 Flash 地址时，将把该地址重映射到 SRAM 中指定的位置，从而取指后返回的是另外的值。此外，匹配的地址还能用来触发断点事件。

14. ROM 表（ROM Table）

ROM 表只是一个简单的查找表，提供了存储器映射信息，这些信息供多种系统设备和调试组件使用。当调试系统定位各调试组件时，它需要找出相关寄存器在存储器的地址，这些信息由此表给出。绝大多数情况下，因为 CM3 有固定的存储器映射，所以各组件都能"对号入座"。但是因为有些组件是可选的，还有些组件是由芯片制造商另行添加的，各芯片制造商可能需要定制芯片的调试功能。这就必须在 ROM 表中存储这些"另类"的信息，这样调试系统才能判定正确的存储器映射，进而可以检测可用的调试组件是何种类型。

3.1.5　ARM 指令集与流水线

ARM 指令集是指计算机 ARM 操作指令系统，如前面所述，指令是给 ARM 核执行的，每条指令都应该包含两部分内容：执行的指令、操作的数据。如果让 ARM 核能够完整地处理一些数据，那么 ARM 的指令集需要包括跳转指令、数据处理指令、程序状态寄存器（PSR）处理指令、加载/存储指令、协处理器指令和异常产生指令六大类别。

开发人员编写的程序让 CPU 执行的时候，需要按照一定的规范转换成 CPU 可以识别的底层代码（也就是所谓的指令集），而这个转换的过程就是编译，编译工作一般都是由开发工具帮助开发人员自动完成。可以看出，厂家可以自己规定一些规范或者指令语言让 CPU 来识别，然后再开发出对应的编译器就可以了。实际上，指令集有很多种，Cortex-M3 使用的是 Thumb-2 指令集。

那么，在 Cortex-M3 处理器中，指令是怎样被执行的呢？它使用的是一种被称为流水线（Pipeline）的方式。流水线技术通过多个功能部件并行工作来缩短程序执行的时间，提高处理器核的效率和吞吐率，从而成为微处理器设计中最为重要的技术之一。

ARM 中常用的流水线有三级流水线、五级流水线。Cortex-M3 采用的是三级流水线，包括取指、解码、执行；五级流水线在此基础上又增加了 LS1 阶段和 LS2 阶段，LS1 负责加载和存储指令中制定的数据，LS2 则负责提取、符号扩展，通过字节或半字加载命令来加载数据。一个理想状态下的三级流水线如图 3-10 所示。

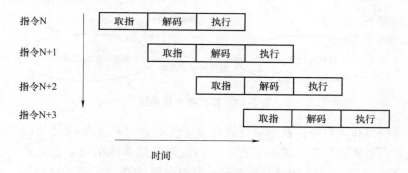

图 3-10　三级流水线示意图

图 3-10 中，内核在执行第 N 条指令的同时，对第 N+1 条指令进行解码操作，对第 N+2 条指令进行取指操作，整个流水线是不断的。但是，如果需要执行一条分支指令或者直接修改程序计数器（PC）而发生跳转的时候，ARM 内核有可能会清空流水线，然后重新读取指令。

3.1.6　操作模式和特权等级

Cortex-M3 支持两种操作模式、两种特权级别。两种操作模式为 Handler 模式和线程（Thread）模式，这两种模式是为了区别正在执行代码的类型：Handler 模式为异常处理例程的代码；线程模式为普通应用程序的代码。两种特权级别包括特权级和用户级，两种特权级别是对存储器访问提供的一种保护机制：在特权级下，程序可以访问所有范围的存储器（如果有 MPU，还要在 MPU 规定的禁止区域之外），并且能够执行所有指令；在用户级下，不能访问系统控制空间（SCS，包含配置寄存器及调试组件的寄存器），且禁止使用 MSR 访问特殊功能寄存器（APSR 除外），如果访问，则产生异常。Cortex-M3 的操作模式和特权级别如图 3-11 所示。

	特权级	用户级
异常Handler代码	Handler模式	错误的用法
主应用程序的代码	线程模式	线程模式

图 3-11　Cortex-M3 的操作模式和特权级别

Cortex-M3 一旦从特权级通过更改控制寄存器进入用户级，就不能再从用户级下通过改写控制寄存器重新回到特权级，它必须先执行一条系统调用指令（SVC）。这样就会触发一个 SVC 异常，然后由异常服务程序（通常是操作系统的一部分）接管，如果批准了进入，则异常服务程序修改控制寄存器，才能在用户级的线程模式下重新进入特权级。从用户级到特权级的唯一途径就是异常，如果在程序执行过程中触发了一个异常，处理器总是先切换进入特权级，并且在异常服务例程执行完毕退出时，再返回先前的状态。Cortex-M3 合法的操作模式切换图如图 3-12 所示。

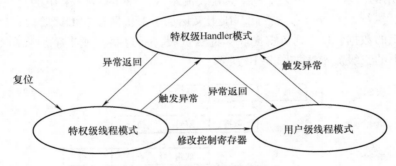

图 3-12　操作模式切换图

通过引入特权级和用户级，就能够在硬件水平上限制某些不受信任的或者还没有调试好的程序，不让它们随便地配置关键的寄存器，以此来提高系统的可靠性。进一步地，如果配置了 MPU，它还可以作为特权机制的补充——保护关键的存储区域不被破坏，这些区域通常是操作系统的区域。

3.1.7　异常、中断和向量表

如果 ARM 正在按预定的步骤执行程序时被迫中止，此时 ARM 就进入异常模式。在处理异常之前，ARM 内核保存当前的处理器状态，这样当处理程序结束时可以恢复执行原来的程序。

经典 ARM 微处理器包括七种异常：复位异常、未定义指令异常、软件中断异常、预取指令异常、数据异常、中断（IRQ）、快速中断（FIQ）。异常可以看作是中断的强化，或者说中断是异常的一个子集。异常/中断是硬件和软件进行异步工作的一种方式。

经典 ARM 微处理器发生异常时，ARM 微处理器会自动调用预先写好的异常处理程序。为了让 ARM 核能自动地调用异常处理程序，必须规定一个位置存放异常处理程序入口。ARM 微处理器设计者把七种异常的入口放到一起，称为异常向量表。

更详细的介绍见第 5 章中断和事件。

3.1.8　存储器映射

存储器映射是指把芯片中或芯片外的 Flash、RAM、外设、BOOTBLOCK 等进行统一编址，即用地址来表示对象。这个地址绝大多数是由厂家规定好的，用户只能用不能改。用户只能在挂外部 RAM 或 Flash 的情况下可进行自定义。

Cortex-M3 不同于其他 ARM 系列的处理器，它的存储器映射已经在内核设计时固定好，不能由芯片厂商更改。Cortex-M3 预先定义好了"粗线条的"存储器映射，如图 3-13 所示。通过把片上外设的寄存器映射到外设区，就可以简单地以访问内存的方式来访问这些外设的寄存器，从而控制外设的工作。这种预定义的映射关系，也使得对访问速度可以进行高度的优化，而且对于片上系统的设计而言更易集成。

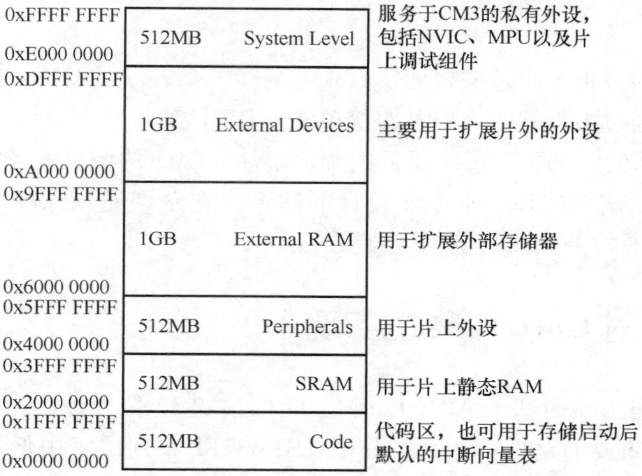

地址	大小	区域	说明
0xFFFF FFFF 0xE000 0000	512MB	System Level	服务于CM3的私有外设，包括NVIC、MPU以及片上调试组件
0xDFFF FFFF 0xA000 0000	1GB	External Devices	主要用于扩展片外的外设
0x9FFF FFFF 0x6000 0000	1GB	External RAM	用于扩展外部存储器
0x5FFF FFFF 0x4000 0000	512MB	Peripherals	用于片上外设
0x3FFF FFFF 0x2000 0000	512MB	SRAM	用于片上静态RAM
0x1FFF FFFF 0x0000 0000	512MB	Code	代码区，也可用于存储启动后默认的中断向量表

图 3-13　Cortex-M3 存储器映射

Cortex-M3 的内部拥有一个总线基础设施，专用于优化对这种存储器结构的使用。在此之上，CM3 甚至还允许这些区域之间"越权使用"。比如说，数据存储器也可以被放到代码区，而且代码也能够在外部 RAM 区中执行（但是会变慢不少）。

处于最高地址的系统级存储区是 CM3 的私有区域，存放包括 NVIC、MPU 以及各种调试组件。所有这些设备均使用固定的地址，通过把基础设施的地址定死，就至少在内核水平上为应用程序的移植扫清了障碍。

3.1.9　调试支持

Cortex-M3 内部还搭载了很多调试组件，用于在硬件水平上支持调试操作，如指令断点、数据观察点等。另外，为支持更高级的调试，还有一些可选组件，包括指令跟踪和多种类型的调试接口。

CM3 丰富的调试功能可以分为两类，每类中都有更具体的调试项目：

1. 侵入式调试

侵入式调试是基本的调试机能，所谓"侵入式"，主要是强调这种调试会打破程序的全速运行。侵入式调试包括以下调试项目：

1）停机以及单步执行程序。

2）硬件断点。

3）断点指令（BKPT）。

4）数据观察点，作用于单一地址、一个范围的地址以及数据的值。

5）访问寄存器的值（既包括读，也包括写）。

6）调试监视器异常。

7）基于 ROM 的调试（闪存地址重载（Flash Patching））。

2. 非侵入式调试

非侵入式调试是大多数人更少接触到的、高级的调试机能。非侵入式调试包括以下调试项目：

1）在内核运行的时候访问存储器。

2）指令跟踪（通过可选的嵌入式跟踪宏单元（ETM））。

3）数据跟踪。

4）软件跟踪（通过指令跟踪宏单元（ITM））。

5）性能速写（通过数据观察点以及跟踪单元（DWT））。

Cortex-M3 处理器的内部包含了一系列的调试组件。CM3 的调试系统基于"CoreSight（内核景象）"调试架构，该架构是一个专业设计的体系，它允许使用标准的方案来访问调试组件、收集跟踪信息以及检测调试系统的配置。

3.2 STM32F1 对 Cortex-M 的实现

STM32 是 ST 公司出品的基于 ARM Cortex-M3 内核的 32 位处理器，具有杰出的功耗控制以及众多的外设，最重要的是性价比高。其中，STM32F1 系列属于中低端的 32 位 ARM 微控制器，该系列芯片由意法半导体公司生产，其内核是 Cortex-M3。该系列芯片按片内 Flash 的大小可分为三大类：小容量（16KB 和 32KB）、中容量（64KB 和 128KB）、大容量（256KB、384KB 和 512KB）。可以通过图 2-56 所示的 STM32 命名规则看出 Flash 的大小。

本节简要介绍 STM32 对 ARM Cortex-M 架构的实现方案。

3.2.1 系统架构

STM32F1 系列微控制器的系统架构主要构成包括五个驱动单元和三个被动单元。五个驱动单元是 Cortex-M3 内核指令总线（ICode）、数据总线（DCode）、系统总线（System）、直接内存访问总线（DMA）、以太网 DMA。三个被动单元是内部 SRAM、内部闪存存储器、AHB/APB 桥（它连接所有的 APB 设备）。这些都是通过一个多级的 AHB 总线构架相互连接的，如图 3-14 所示。

1）ICode 总线：该总线将 Cortex-M3 内核的指令总线与闪存存储器的指令接口相连接，指令预取操作在该总线上进行。

2）DCode 总线：该总线将 Cortex-M3 内核的数据总线连接到总线矩阵，用于常量加载和调试访问。

3）系统总线：该总线将 Cortex-M3 内核的系统总线（外设总线）连接到总线矩阵，通过总线矩阵协调内核和 DMA 间的访问。

4）DMA 总线：该总线将 DMA 的 AHB 主机接口连接到总线矩阵，通过总线矩阵协调 CPU 的 DCode 和 DMA 到 SRAM、闪存和外设的访问。

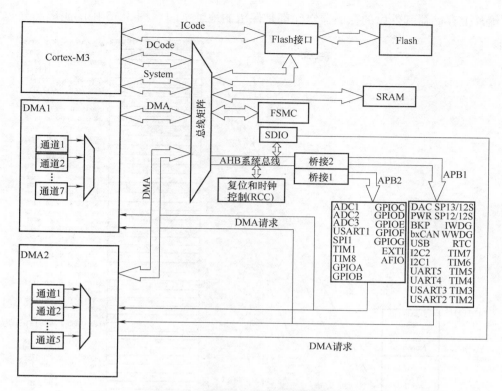

图 3-14　STM32F1 微控制器系统架构

5）总线矩阵：该总线矩阵协调内核系统总线和 DMA 主控总线之间的访问仲裁，此仲裁利用轮换算法。该总线矩阵由三个驱动部件（CPU 的 DCode、系统总线和 DMA 总线）和三个被动部件（闪存存储器接口、SRAM 和 AHB/APB 桥）构成。

为了允许 DMA 访问，AHB 外设通过总线矩阵连接到系统总线。两个 AHB/APB 桥在 AHB 和两条 APB 总线之间提供完全同步的连接，APB1 工作频率限制在 36MHz，APB2 工作在全速状态（根据设备的不同可以达到 72MHz）。

STM32F103xx 微控制器的 Cortex-M3 内核，采用适合于微控制器应用的三级流水线，增加了分支预测功能。采用指令预取和流水线技术，可以提高处理器的执行速度。内核预取部件具有分支预测功能，可以预取分支目标地址的指令，使分支延时减少到一个时钟周期。

3.2.2　存储器与映射

如图 3-13 所示，Cortex-M3 内核规定了存储器映射。就好像 ARM 公司打造了一个柜子，柜子从上到下有几个抽屉，它规定了每个抽屉放置东西的种类，具体放什么、放多少它不决定（前提是不要超过抽屉的大小），而是由每个芯片厂商自己决定。那么，ST 公司打造的 STM32F1 系列芯片是如何在这些抽屉放置东西的呢？

STM32F103xx 微控制器中，程序存储器、数据存储器、寄存器和输入输出端口被组织在一个 4GB 的线性地址空间内。数据字节以小端格式存放在存储器中，即一个字里的最低地址字节被认为是该字的最低有效字节，而最高地址字节是最高有效字节。图 3-15 展示了 STM32F1 微控制器的存储器结构与地址映射。

由图 3-15 可知，可访问的存储器空间被分成八个主要块，每个块为 512MB。其他所有没有分配给片上存储器和外设的存储器空间都是保留的地址空间（图 3-15 中的阴影部分）。

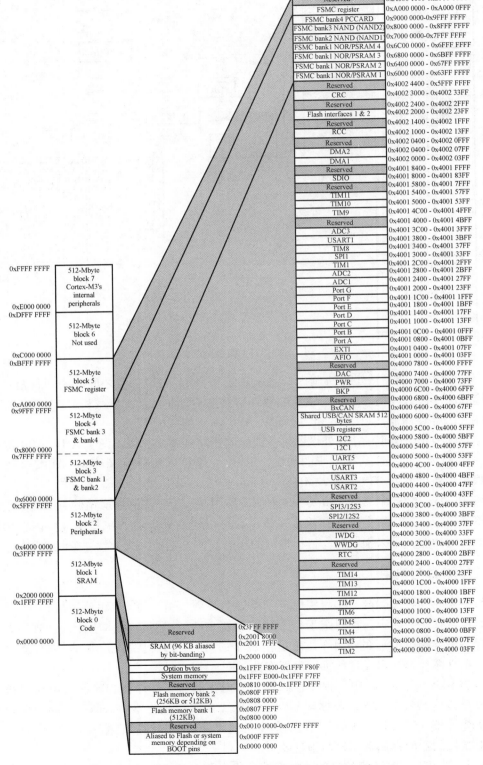

图 3-15　STM32F1 微控制器的存储器结构与地址映射

3. 2. 3　嵌入式闪存

STM32F1 系列微控制器集成了高性能的嵌入式闪存（Flash）模块，主要用于存储系统启动装载、用户选项字节、用户程序。用户可以使用在线系统编程（ISP）、JTAG 调试下载工具、在线应用编程（IAP）三种方法对嵌入式闪存进行更新。嵌入式闪存的操作必须通过闪存编程与擦除控制器（Flash Program and Erase Controller）单元模块实现。

不同微控制器的闪存容量不同，主存储模块的组织结构也不同，具体可以查看对应芯片的用户手册中相关的内容。

3. 2. 4　启动配置

在 STM32F10x 中，可以通过 BOOT［1：0］引脚选择三种启动模式，见表 3-4。

表 3-4　STM32F1xx 的三种启动模式

启动模式选择引脚		启动 模 式	说　　明
BOOT1	BOOT0		
X	0	主闪存存储器	主闪存存储器被选为启动区域
0	1	系统存储器	系统存储器被选为启动区域
1	1	内置 SRAM	内置 SRAM 被选为启动区域

通过设置选择引脚，对应到各种启动模式的不同物理地址将被映射到第 0 块（启动存储区）。系统复位后，SYSCLK 的第四个上升沿，BOOT 引脚的值将被锁存。用户可以通过设置 BOOT1 和 BOOT0 引脚的状态选择复位后的启动模式。即使被映射到启动存储区，仍然可以在它原先的存储器空间内访问相关的存储器。经过启动延迟后，CPU 从位于 0x0000 0000 开始的启动存储区执行代码。

3. 2. 5　电源控制

STM32 的工作电压（VDD）为 2.0 ~ 3.6V，通过内置的电压调节器提供所需的 1.8V 电源。当主电源 VDD 掉电后，通过 VBAT 引脚为实时时钟（RTC）和备份寄存器提供电源。

为了提高转换的精确度，ADC 使用一个独立的电源供电，过滤和屏蔽来自印制电路板上的毛刺干扰。注意：ADC 的电源引脚为 VDDA，独立的电源地 VSSA；如果有 VREF- 引脚（根据封装而定），它必须连接到 VSSA。

使用电池或其他电源连接到 VBAT 引脚上，当 VDD 断电时，可以保存备份寄存器的内容和维持 RTC 的功能。VBAT 引脚也为 RTC、LSE 振荡器和 PC13 ~ PC15 供电，从而保证当主要电源被切断时 RTC 能继续工作。切换到 VBAT 供电由复位模块中的掉电复位功能控制。如果应用中没有使用外部电池，VBAT 必须连接到 VDD 引脚上。电源框图如图 3-16 所示。

当 CPU 不需继续运行时，可以利用多个低功耗模式来减少功耗，如等待某个外部事件时。根据最低电源消耗、最快速启动时间和可用的唤醒源的需求，选取一个最佳的折中方案来帮助用户选定一个低功耗模式。STM32F10xxx 有三种低功耗模式：睡眠模式（Cortex-M3 内核停止，外设仍在运行）、停止模式（所有的时钟都已停止）、待机模式（1.8V 电源关闭）。

此外，在运行模式下，可以通过两种方式中的一种降低功耗：一种是降低系统时钟；另一种是关闭 APB 和 AHB 总线上未被使用的外设的时钟。

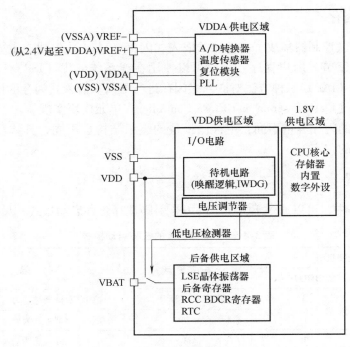

图 3-16 电源框图

3.2.6 复位

STM32F10xxx 支持三种复位形式，分别为系统复位、上电复位和备份区域复位。除时钟控制寄存器中的复位标志位和备份区域中的寄存器以外，系统复位将复位所有寄存器。

当以下事件之一发生时，产生一个系统复位：

1）NRST 引脚上的低电平（外部复位）。

2）窗口看门狗计数终止（WWDG 复位）。

3）独立看门狗计数终止（IWDG 复位）。

4）软件复位（SW 复位）。

5）低功耗管理复位。

可通过查看 RCC_CSR 控制状态寄存器中的复位状态标志位来确认复位事件来源。

3.2.7 时钟控制

STM32F103xx 系列微控制器支持三种不同的时钟源，可被用来驱动系统时钟（SYSCLK），分别是 HSI 振荡器时钟、HSE 振荡器时钟、PLL 时钟。这些设备有以下两种二级时钟源：第一种是 40kHz 低速内部 RC，可以用于驱动独立看门狗和通过程序选择驱动 RTC，RTC 用于从停机/待机模式下自动唤醒系统；第二种是 32.768kHz 低速外部晶体，也可用来通过程序选择驱动 RTC（RTCCLK）。当不被使用时，任一时钟源都可被独立地启动或关闭，以此来优化系统功耗。

用户可通过多个预分频器配置 AHB、高速 APB（APB2）和低速 APB（APB1）域的频率。AHB 和 APB2 域的最大频率是 72MHz。APB1 域的最大允许频率是 36MHz。RCC 通过 AHB 时钟 8 分频后供给 Cortex 系统滴答定时器的外部时钟。通过对系统滴答定时器的控制与状态寄存器的设置，可选择上述时钟或 Cortex AHB 时钟作为系统滴答定时器的时钟。ADC 时钟由高速 APB2 时钟经 2、4、6 或 8 分频后获得。

定时器的时钟频率是其所在 APB 总线频率的两倍。然而，如果相应的 APB 预分频系数是1，定时器的时钟频率与所在 APB 总线频率一致。FCLK 是 Cortex-M3 的自由运行时钟。

关于 STM32 时钟的详细介绍见第 6 章定时器。

3.3　小结

本章详细介绍了图灵机的设计思路，在此基础上引入 ALU 的工作原理和 Cortex-M3 的系统架构。读者只有真正理解了它们的设计思路，才能在后续的系统设计开发过程中设计出架构稳定、完美符合需求的嵌入式产品。

读者若想更深入了解 Cortex-M3 架构和 STM32 芯片更详细的内核架构，需要翻阅相关的用户手册。实际上，读者在后续的嵌入式开发中需要经常翻阅用户手册。

3.4　习题

1. 简述图灵机的工作原理。
2. 简述冯·诺依曼结构、哈佛结构的区别。
3. 算术逻辑单元（ALU）在 CPU 中的作用是什么？
4. 使用 ALU 对两个数求和的过程是怎样的？
5. Cortex-M3 处理器由哪几部分组成？
6. 在 STM32F103xx 中，有哪几种启动方式？
7. STM32F103xx 的低功耗工作模式有几种？

第 **4** 章 通用输入输出（GPIO）

通用输入输出（General Purpose Input Output，GPIO），是 STM32 可控制的引脚。STM32 芯片的 GPIO 引脚与外部设备连接起来，可实现与外部的通信、控制外部硬件或者采集外部设备数据的功能。借助 GPIO，微控制器可以实现对外部设备（如 LED、按键等）最简单、最直观的监控。除此之外，GPIO 还可以用于串行通信、并行通信、存储器扩展等。GPIO 往往是读者了解、学习、开发嵌入式系统的第一步。

本章主要介绍 STM32F103xx 系列微控制器的 I/O 端口模块的 GPIO 作为输入输出端口的使用方法及 GPIO 库函数。

4.1 STM32F1 系列芯片的常用封装

在使用 ARM 芯片时，人们肉眼所见的仅是它的外在，能和芯片内部相连的就是它的引脚了。对芯片内部程序的载入、通过程序让芯片对外围电路的控制和访问就是通过这些引脚来实现的。在 ST 公司官网上有如图 4-1 所示的 STM32F103 系列各种芯片的存储器（Flash、RAM）大小、引脚数量和封装类型的说明图。

图 4-1 中，纵坐标是对应型号芯片的 Flash 和 RAM 的大小，而横坐标则是引脚的数量和封装方式。从图中可以看出，STM32F103 系列的引脚数目有 36、48、64、100、144 几种规格，而引脚封装方式包括 QFN、LQFP、BGA、CSP 这几种。

1）QFN（Quad Flat No-lead Package）：方形扁平式无引脚封装，是表面贴装型封装之一，现在多称为 LCC。QFN 是日本电子机械工业会规定的名称。在封装的四侧配置有电极触点，由于无引脚，贴装占有面积比方型扁平式封装（Quad Flat Package，QFP）小，高度比 QFP 低。但是，当印制基板与封装之间产生应力时，在电极接触处就不能得到缓解。因此电极触点难以做到 QFP 的引脚那样多，一般从 14 ~ 100。此种封装方式的材料有陶瓷和塑料两种，当

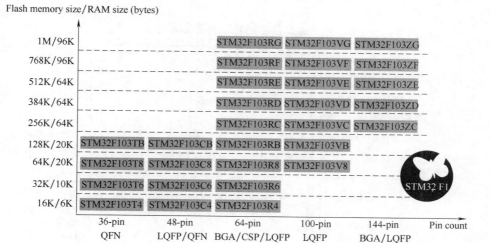

图 4-1　STM32F103 系列的引脚封装

有 LCC 标记时基本上都是陶瓷 QFN。QFN 封装如图 4-2 所示。

　　2）LQFP（Low-profile Quad Flat Package）：薄型 QFP，指封装本体厚度为 1.4mm 的 QFP，是日本电子机械工业会制定的新 QFP 外形规格。而 QFP 这种技术实现的 CPU 芯片引脚之间距离很小，管脚很细，一般大规模或超大规模集成电路采用这种封装形式。此外，该技术封装的 CPU 操作方便，可靠性高；而且其封装外形尺寸较小，寄生参数减小，适合高频应用。该技术主要适合用 SMT 表面安装技术在 PCB 上安装布线。LQFP 封装如图 4-3 所示。

　　3）BGA（Ball Grid Array Package）：球栅阵列封装，该技术一出现便成为 CPU、主板南北桥芯片等高密度、高性能、多引脚封装的最佳选择，但 BGA 封装占用基板的面积比较大。BGA 封装具有四个显著优点：①虽然该技术的 I/O 引脚数增多，但引脚之间的距离远大于 QFP，从而提高了组装成品率；②该技术采用了可控塌陷芯片法焊接，从而可以改善电热性能；③该技术的组装可用共面焊接，从而能大大提高封装的可靠性；④由该技术实现的封装 CPU 信号传输延迟小，适应频率大大提高。BGA 封装如图 4-4 所示。

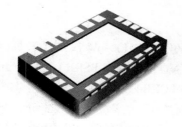

图 4-2　QFN 封装

图 4-3　LQFP 封装

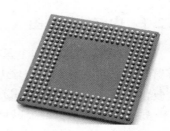

图 4-4　BGA 封装

　　4）CSP（Chip Scale Package）：芯片级封装，CSP 封装是最新一代的内存芯片封装技术，其技术性能又有了新的提升。CSP 封装可以让芯片面积与封装面积之比超过 1:1.14，已经相当接近 1:1 的理想情况，绝对尺寸也仅有 $32mm^2$，约为普通的 BGA 的 1/3，仅仅相当于 TSOP 内存芯片面积的 1/6。与 BGA 封装相比，同等空间下 CSP 封装可以将存储容量提高三倍。

　　STM32F103xx 系列有丰富的端口可供使用，包括多个多功能的双向 5V 兼容的快速 I/O 端口，所有 I/O 端口都可以映射到 16 个外部中断。图 4-5 是一个 LQFP 封装的 64 引脚的芯片引脚图。

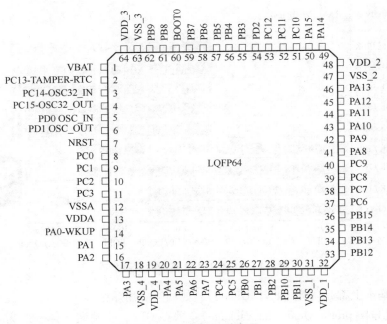

图 4-5　LQFP64 引脚图

从图 4-5 中可以看出，LQFP64 封装的芯片 I/O 端口有 PA、PB、PC、PD 四组，PA ~ PC 每组 16 个（PX0 ~ PX15），PD 只有三个引脚 PD0 ~ PD2，所以 LQFP64 封装的 STM32F103xx 一共有 51 个 I/O 端口。

4.2　GPIO 工作原理

STM32 的 GPIO 端口的每个位可以由软件配置成多种模式：输入浮空、输入上拉、输入下拉、模拟输入、开漏输出、开漏复用输出、推挽输出、推挽复用输出。那它内部实现原理是怎样的呢？

4.2.1　内部结构框图

每个 GPIO 端口有两个 32 位配置寄存器（GPIOx_CRL 和 GPIOx_CRH）、两个 32 位数据寄存器（GPIOx_IDR 和 GPIOx_ODR）、一个 32 位的置位/复位寄存器（GPIOx_BSRR）、一个 16 位复位寄存器（GPIOx_BRR）和一个 32 位锁定寄存器（GPIOx_LCKR）。

每个 I/O 端口位都可以自由编程，然而 I/O 端口寄存器必须按 32 位字被访问（不允许半字或字节访问）。GPIOx_BSRR 和 GPIOx_BRR 寄存器允许对任何 GPIO 寄存器的读/更改的独立访问，这样，在读和更改访问之间产生中断请求（IRQ）时不会发生意外。图 4-6 给出了一个 I/O 端口的基本结构。

图 4-6 中，除了最右侧的 I/O 引脚是外界和芯片交互的出入口外，其他都是在芯片内部的。每个 I/O 端口以保护二极管、推挽开关、施密特触发器为核心实现了非常灵活的功能。

1）保护二极管：I/O 引脚上下方两个保护二极管用于防止引脚外部过高、过低的电压输入。当引脚电压高于 V_{DD} 时，上方的保护二极管导通；当引脚电压低于 V_{SS} 时，下方的保护二

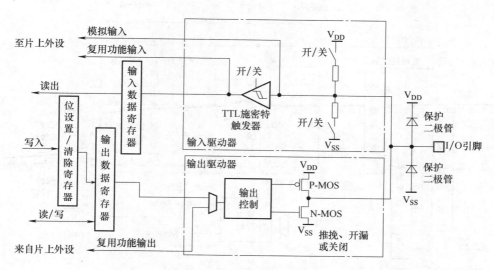

图 4-6　I/O 端口的基本结构

极管导通，防止不正常电压引入芯片导致芯片烧毁。尽管如此，还是不能直接外接大功率器件，需要大功率及隔离电路驱动，防止烧坏芯片或者外接器件无法正常工作。

2）P-MOS 管和 N-MOS 管：由 P-MOS 管和 N-MOS 管组成的单元电路使得 GPIO 具有"推挽输出"和"开漏输出"的模式。这里的电路会在下面详细分析。

3）TTL 施密特触发器：信号经过触发器后，模拟信号转化为 0 和 1 的数字信号。但是，当 GPIO 引脚作为 ADC 采集电压的输入通道时，用其"模拟输入"功能，此时信号不再经过触发器进行 TTL 电平转换。ADC 外设要采集到原始的模拟信号。

4.2.2　输入工作模式

GPIO 的输入工作模式包括输入浮空（GPIO_Mode_IN_FLOATING）、输入上拉（GPIO_Mode_IPU）、输入下拉（GPIO_Mode_IPD）、模拟输入（GPIO_Mode_AIN）四种，下面分别予以介绍。

1. 输入浮空模式

输入浮空模式下，输入驱动器中的上拉和下拉开关均打开，I/O 端口的电平信号直接进入输入数据寄存器。也就是说，I/O 端口有电平输入的时候，I/O 端口的电平状态完全由外部输入决定；如果在该引脚悬空（无信号输入）的情况下，读取该端口的电平是不确定的。

如图 4-7 所示，若 I/O 端口①处为低电平，②处电平和①相同也为低电平，经过 TTL 施密特触发器后，③处变为数字信号 0 进入输入数据寄存器；若 I/O 端口①处为高电平，②处电平和①相同也为高电平，经过 TTL 施密特触发器后，③处变为数字信号 1 进入输入数据寄存器；若 I/O 端口①处悬空，②处电平未知，经过 TTL 施密特触发器后，③处的数字信号未知。

输入浮空一般多用于外部按键输入。输入浮空模式如图 4-7 所示。

2. 输入上拉模式

输入上拉模式下，输入驱动器中的上拉开关闭合，I/O 端口的电平信号直接进入输入数据寄存器。但是在 I/O 端口悬空（无信号输入）的情况下，输入端的电平可以保持在高电平；并且在 I/O 端口输入为低电平时，输入端的电平也还是低电平。

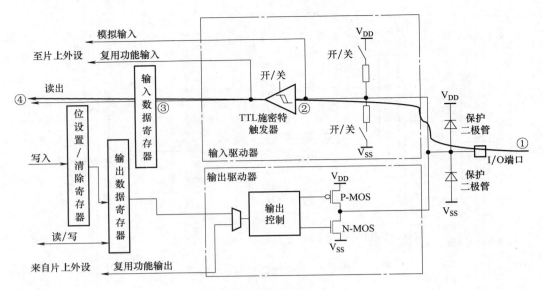

图 4-7 输入浮空模式

如图 4-8 所示，若 I/O 端口①处为高或低电平的输入时，情况和输入浮空模式下相同；若 I/O 端口①处悬空，②处电平为高电平 V_{DD}，经过 TTL 施密特触发器后，③处为 1。

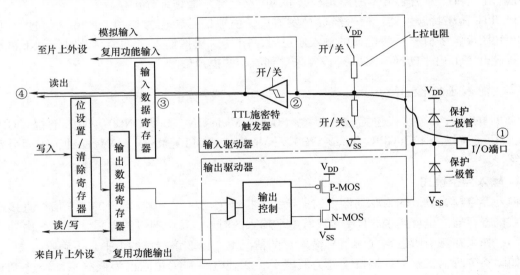

图 4-8 输入上拉模式

3. 输入下拉模式

输入下拉模式下，输入驱动器中的下拉开关闭合，I/O 端口的电平信号直接进入输入数据寄存器。但是在 I/O 端口悬空（无信号输入）的情况下，输入端的电平可以保持在低电平；并且在 I/O 端口输入为高电平时，输入端的电平也还是高电平。

如图 4-9 所示，若 I/O 端口①处为高或低电平的输入时，情况和输入浮空模式下相同；若 I/O 端口①处悬空，②处电平为低电平 V_{SS}，经过 TTL 施密特触发器后，③处数字信号为 0。

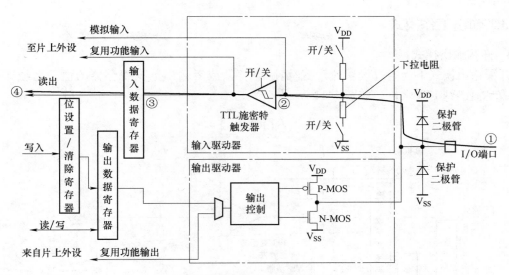

图 4-9 输入下拉模式

数字电路有三种状态：高电平、低电平和高阻状态，有些应用场合不希望出现高阻状态，可以通过上拉电阻或下拉电阻的方式使之处于稳定状态，具体选择上拉输入还是下拉输入视具体应用场景而定。

4. 模拟输入模式

模拟输入模式下，I/O 端口的模拟信号（电压信号，而非电平信号）直接输入到片上外设模块，比如 ADC 模块等。

如图 4-10 所示，信号从 I/O 端口①处进入，从另一端②处直接进入片上外设模块。此时，所有的上拉、下拉电阻和施密特触发器均处于断开状态，因此输入数据寄存器将不能反映端口①处上的电平状态，也就是说，模拟输入模式下，CPU 不能在输入数据寄存器上读到有效的数据。模拟输入的信号是未经数字化处理的电压信号，可以直接给芯片内部的 ADC 使用。

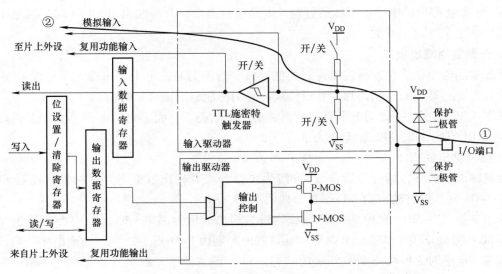

图 4-10 模拟输入模式

4.2.3 输出工作模式

1. 开漏输出模式

开漏输出模式下，通过设置位设置/清除寄存器或者输出数据寄存器的值，途经 N-MOS 管，最终输出到 I/O 端口，如图 4-11 所示。

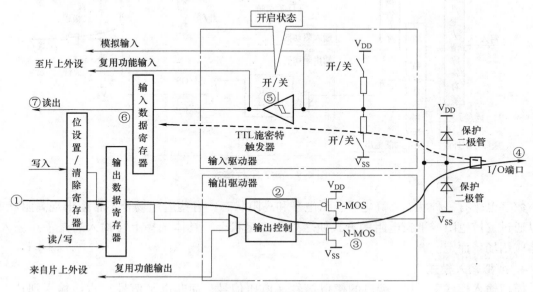

图 4-11 开漏输出模式

这里要注意 N-MOS 管，当设置输出的值为高电平时，N-MOS 管处于关闭状态，此时 I/O 端口的电平就不会由输出的高低电平决定，I/O 端口表现为高阻态，I/O 端口的电平由外部的上拉电阻决定；当设置输出的值为低电平时，N-MOS 管处于开启状态，此时 I/O 端口的电平就是低电平。也就是说，I/O 端口配置为开漏输出模式时，一般需要在外部配合上拉电阻使用。

同时，I/O 端口的电平也可以通过输入电路进行读取；开漏输出时，I/O 端口的电平不一定是输出的电平（高电平时）。

2. 开漏复用输出模式

开漏复用输出模式与开漏输出模式类似，只是输出的高低电平的来源，不是让 CPU 直接写输出数据寄存器，而是利用片上外设模块的复用功能输出来决定的。

如图 4-12 所示，①处的电平直接控制输出控制电路②，而①处的电平是由片上的外设给出的，如用作 USART、SPI 通信端口时。

3. 推挽输出模式

推挽输出模式下，通过设置位设置/清除寄存器或者输出数据寄存器的值，途经 P-MOS 管和 N-MOS 管，最终输出到 I/O 端口，如图 4-13 所示。

这里要注意 P-MOS 管和 N-MOS 管，当设置输出的值为高电平时，P-MOS 管处于开启状态，N-MOS 管处于关闭状态，此时 I/O 端口的电平就由 P-MOS 管决定，为高电平；当设置输出的值为低电平时，P-MOS 管处于关闭状态，N-MOS 管处于开启状态，此时 I/O 端口的电平就由 N-MOS 管决定，为低电平。

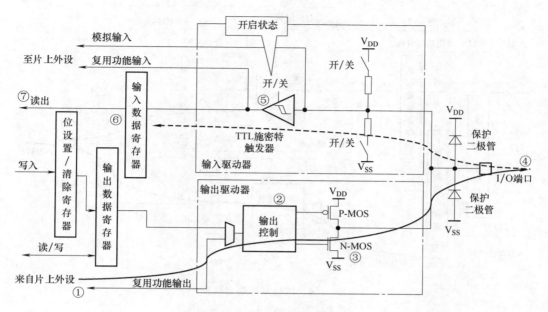

图 4-12　开漏复用输出模式

同时，I/O 端口的电平也可以通过输入电路进行读取。注意，此时读到的 I/O 端口的电平一定是输出的电平。

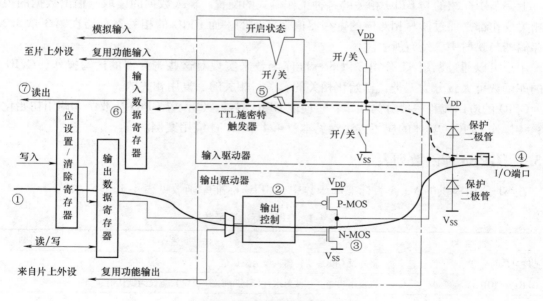

图 4-13　推挽输出模式

4. 推挽复用输出模式

推挽复用输出模式与推挽输出模式类似，只是输出的高低电平的来源，不是让 CPU 直接写输出数据寄存器，而是利用片上外设模块的复用功能输出来决定的。

如图 4-14 所示，①处的电平直接控制输出控制电路②，而①处的电平是由片上的外设给出的，如用作 I^2C 通信端口时。

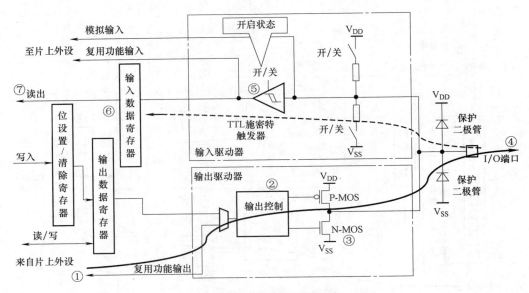

图 4-14　推挽复用输出模式

4.3　GPIO 相关的常用库函数

上一节中介绍的与 GPIO 相关的各种工作模式的配置、输入数据的读取、输出数据的控制等相关操作都是通过读写相对应的寄存器值来实现的，而 GPIO 的相关寄存器在第 3 章 3.2.2 节存储器与映射中已经有所表述。

用户可以通过调用 ST 公司提供的标准库函数来实现对这些寄存器的读写操作，GPIO 相关的库函数可大致分为三类：初始化相关的、读写相关的、复用相关的。

GPIO 的应用流程一般分为四步：①使能 GPIO 时钟；②设置 GPIO 参数；③调用初始化函数；④操作 GPIO。具体的应用方法参见本章 4.4 节 GPIO 应用案例。

4.3.1　GPIO 库函数列表

在 ST 公司提供的 V3.5 版标准库函数中，GPIO 标准库函数见表 4-1。

表 4-1　GPIO 标准库函数

函 数 名 称	描　　述
GPIO_DeInit	将外设 GPIOx 寄存器重设为默认值
GPIO_AFIODeInit	将复用功能（重映射事件控制和 EXTI 设置）重设为默认值
GPIO_Init	根据指定的参数初始化外设 GPIOx 寄存器
GPIO_StructInit	把 GPIO_InitStruct 中的每一个参数按默认值填入
GPIO_ReadInputDataBit	读取指定端口引脚的输入
GPIO_ReadInputData	读取指定的 GPIO 端口输入
GPIO_ReadOutputDataBit	读取指定端口引脚的输出
GPIO_ReadOutputData	读取指定的 GPIO 端口输出
GPIO_SetBits	设置指定的数据端口位为 1

（续）

函数名称	描　述
GPIO_ResetBits	清除指定的数据端口位
GPIO_WriteBit	设置或清除指定的数据端口位
GPIO_Write	向指定 GPIO 数据端口写入数据
GPIO_PinLockConfig	锁定 GPIO 引脚设置寄存器
GPIO_EventOutputConfig	选择 GPIO 引脚用作事件输出
GPIO_EventOutputCmd	允许或禁止事件输出
GPIO_PinRemapConfig	改变指定引脚的映射
GPIO_EXTILineConfig	选择 GPIO 引脚用作外部中断线路

4.3.2　GPIO 常用库函数

在开发中，比较常用的 GPIO 相关的库函数有九个：GPIO_Init、GPIO_ReadInputDataBit、GPIO_ReadInputData、GPIO_ReadOutputDataBit、GPIO_ReadOutputData、GPIO_SetBits、GPIO_ResetBits、GPIO_WriteBit、GPIO_Write。下面分别予以介绍。

1. 函数 GPIO_Init

函数 GPIO_Init 参数见表 4-2。

表 4-2　函数 GPIO_Init 参数

函数原形	void GPIO_Init（GPIO_TypeDef * GPIOx，GPIO_InitTypeDef * GPIO_InitStruct）
功能描述	根据 GPIO_InitStruct 中指定的参数初始化外设 GPIOx 寄存器
输入参数 1	GPIOx：x 可以是 A、B、C、D 或者 E，用来选择 GPIO
输入参数 2	GPIO_InitStruct：指向结构 GPIO_InitTypeDef 的指针，包含了 GPIO 的配置信息
输出参数	无
返回值	无

其中，GPIO_InitTypeDef 定义于文件"stm32f10x_gpio. h"，如代码 4-1 所示。

代码 4-1　stm32f10x_gpio. h

```
1   typedef struct
2   {
3       u16 GPIO_Pin;
4       GPIOSpeed_TypeDef GPIO_Speed;
5       GPIOMode_TypeDef GPIO_Mode;
6   } GPIO_InitTypeDef;
```

该结构体有三个成员：

1）GPIO_Pin：用以选择待设置的 GPIO 引脚。使用操作符"∣"可以一次选中多个引脚（例：GPIO_Pin_0∣GPIO_Pin_1∣GPIO_Pin_2），可以使用 GPIO_Pin_None（无引脚被选中）、GPIO_Pin_x（x 取 0~15，对应引脚被选中）、GPIO_Pin_All（全部管脚被选中）。

2）GPIO_Speed：用以设置选中引脚的速率。该参数的取值可能为：GPIO_Speed_10MHz、GPIO_Speed_20MHz、GPIO_Speed_50MHz，分别表示最高输出速率为 10MHz、20MHz、50MHz。

3）GPIO_Mode：用以设置选中引脚的工作状态。该参数可取的值包括：GPIO_Mode_AIN（模拟输入）、GPIO_Mode_IN_FLOATING（浮空输入）、GPIO_Mode_IPD（下拉输入）、GPIO_Mode_IPU（上拉输入）、GPIO_Mode_Out_OD（开漏输出）、GPIO_Mode_Out_PP（推挽输出）、GPIO_Mode_AF_OD（复用开漏输出）、GPIO_Mode_AF_PP（复用推挽输出）。

代码 4-2 为初始化 PB0 的一段示例代码。

代码 4-2 PB0 初始化代码段

```
1  GPIO_InitTypeDef GPIO_InitStructure；
2  GPIO_InitStructure. GPIO_Pin = GPIO_Pin_0；
3  GPIO_InitStructure. GPIO_Speed = GPIO_Speed_50MHz；
4  GPIO_InitStructure. GPIO_Mode = GPIO_Mode_Out_PP；
5  GPIO_Init（GPIOB，&GPIO_InitStructure）；
```

2. 函数 GPIO_ReadInputDataBit

如果要读取 STM32 指定端口引脚的输入就要调用函数 GPIO_ReadInputDataBit，其参数见表 4-3。

表 4-3 函数 GPIO_ReadInputDataBit 参数

函数原形	u8 GPIO_ReadInputDataBit（GPIO_TypeDef * GPIOx，u16 GPIO_Pin）
功能描述	读取指定端口引脚的输入
输入参数 1	GPIOx：x 可以是 A、B、C、D 或者 E，用来选择 GPIO 外设
输入参数 2	GPIO_Pin：待读取的端口位
输出参数	无
返回值	输入端口引脚值

读取 GPIOB 第 8 个引脚的输入值的示例：

```
1  u8 ReadValue；
2  ReadValue = GPIO_ReadInputDataBit（GPIOB，GPIO_Pin_7）；
```

需要注意当 GPIO_Pin_x 被设置为浮空输入、上拉输入等不同工作模式及不同的 I/O 端口输入状态时的取值。

3. 函数 GPIO_ReadInputData

函数 GPIO_ReadInputData 参数见表 4-4。

表 4-4 函数 GPIO_ReadInputData 参数

函数原形	u16 GPIO_ReadInputData（GPIO_TypeDef * GPIOx）
功能描述	读取指定的 GPIO 端口输入
输入参数	GPIOx：x 可以是 A、B、C、D 或者 E，用来选择 GPIO 外设
输出参数	无
返回值	GPIO 输入数据端口值

读取 GPIOC 所有引脚的输入值的示例：

```
1  u16 ReadValue；
2  ReadValue = GPIO_ReadInputData（GPIOC）；
```

4. 函数 GPIO_ReadOutputDataBit

函数 GPIO_ReadOutputDataBit 参数见表 4-5。

表 4-5　函数 GPIO_ReadOutputDataBit 参数

函数原形	u8 GPIO_ReadOutputDataBit（GPIO_TypeDef * GPIOx，u16 GPIO_Pin）
功能描述	读取指定端口引脚的输出
输入参数 1	GPIOx：x 可以是 A、B、C、D 或者 E，用来选择 GPIO 外设
输入参数 2	GPIO_Pin：待读取的端口位
输出参数	无

读取 GPIOB 第 8 个引脚的输出值的示例：

```
1  u8 ReadValue；
2  ReadValue = GPIO_ReadOutputDataBit（GPIOB，GPIO_Pin_7）；
```

5. 函数 GPIO_ReadOutputData

函数 GPIO_ReadOutputData 参数见表 4-6。

表 4-6　函数 GPIO_ReadOutputData 参数

函数原形	u16 GPIO_ReadOutputData（GPIO_TypeDef * GPIOx）
功能描述	读取指定的 GPIO 端口输出
输入参数	GPIOx：x 可以是 A、B、C、D 或者 E，用来选择 GPIO 外设
输出参数	无
返回值	GPIO 输出数据端口值

读取 GPIOC 所有引脚的输出值的示例：

```
1  u16 ReadValue；
2  ReadValue = GPIO_ReadOutputData（GPIOC）；
```

6. 函数 GPIO_SetBits

函数 GPIO_SetBits 参数见表 4-7。

表 4-7　函数 GPIO_SetBits 参数

函数原形	void GPIO_SetBits（GPIO_TypeDef * GPIOx，u16 GPIO_Pin）
功能描述	设置指定的数据端口位为 1（还要注意端口模式，不一定为 1）
输入参数 1	GPIOx：x 可以是 A、B、C、D 或者 E，用来选择 GPIO 外设
输入参数 2	GPIO_Pin：待设置的端口位，该参数可以取 GPIO_Pin_x（x 可以是 0 ~ 15）的任意组合
输出参数	无
返回值	无

设置 GPIOA 的第 11、16 个端口的示例：

```
1  GPIO_SetBits（GPIOA，GPIO_Pin_10 | GPIO_Pin_15）；
```

7. 函数 GPIO_ResetBits

函数 GPIO_ResetBits 参数见表 4-8。

表 4-8 函数 GPIO_ResetBits 参数

函数原形	void GPIO_ResetBits（GPIO_TypeDef * GPIOx, u16 GPIO_Pin）
功能描述	清除指定的数据端口位
输入参数 1	GPIOx: x 可以是 A、B、C、D 或者 E, 用来选择 GPIO 外设
输入参数 2	GPIO_Pin: 待清除的端口位, 该参数可以取 GPIO_Pin_x（x 可以是 0～15）的任意组合
输出参数	无
返回值	无

清除 GPIOA 的第 11、16 个端口, 将其置为 0 的示例:

```
1    GPIO_ResetBits（GPIOA, GPIO_Pin_10 | GPIO_Pin_15）;
```

8. 函数 GPIO_WriteBit

函数 GPIO_WriteBit 参数见表 4-9。

表 4-9 函数 GPIO_WriteBit 参数

函数原形	void GPIO_WriteBit（GPIO_TypeDef * GPIOx, u16 GPIO_Pin, BitAction BitVal）
功能描述	设置或清除指定的数据端口位
输入参数 1	GPIOx: x 可以是 A、B、C、D 或者 E, 用来选择 GPIO 外设
输入参数 2	GPIO_Pin: 待设置或清除指定的数据端口位, 该参数可以取 GPIO_Pin_x（x 可以是 0～15）的任意组合
输入参数 3	BitVal: 该参数指定了待写入的值, 该参数必须取枚举 BitAction 的其中一个值 Bit_RESET: 清除数据端口位 Bit_SET: 设置数据端口位
输出参数	无
返回值	无

设置 GPIOA 的第 16 个端口的示例:

```
1    GPIO_WriteBit（GPIOA, GPIO_Pin_15, Bit_SET）;
```

9. 函数 GPIO_Write

函数 GPIO_Write 参数见表 4-10。

表 4-10 函数 GPIO_Write 参数

函数原形	void GPIO_Write（GPIO_TypeDef * GPIOx, u16 PortVal）
功能描述	向指定 GPIO 数据端口写入数据
输入参数 1	GPIOx: x 可以是 A、B、C、D 或者 E, 用来选择 GPIO 外设
输入参数 2	PortVal: 待写入端口数据寄存器的值
输出参数	无
返回值	无

向 GPIOA 各个引脚写入值的示例:

```
1    GPIO_Write（GPIOA, 0x1101）;
```

上例中, 0x1101 转换为二进制为 "0001 0001 0000 0001", 正好是 16 个 Bit, 从最低位到最高位分别对应 GPIOA 的 GPIO_Pin_0 到 GPIO_Pin_15。

4.4　GPIO 应用案例：按键控制 LED

4.4.1　案例目标

在第 2 章案例的基础上，添加一个按键来控制 LED 的亮灭。该案例实现两个功能：
1）按键按下，LED 点亮。
2）按键释放，LED 熄灭。

4.4.2　仿真电路设计

打开 Proteus 仿真软件，仿照第 2 章 2.3.1 节介绍的方法创建 ProteusPro02。相对于上一个案例，在元器件选择（Pick Devices）对话框中新增一个 BUTTON 的器件，然后将原理图连接成如图 4-15 所示。

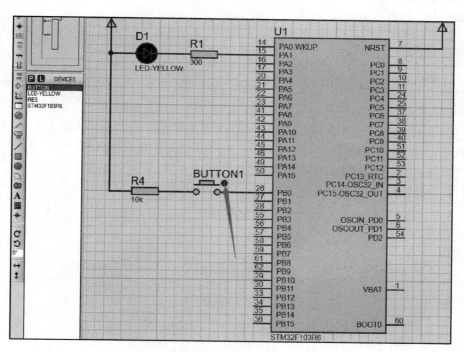

图 4-15　Proteus 仿真工程原理图

注意，Proteus 中的 BUTTON 有两种按法：①直接点按 BUTTON 接通，放开就弹起；②点 BUTTON 右边的小红点（图 4-15 中箭头所指处）时，按下就闭合，需要再次按下才弹起。

4.4.3　代码实现

仿照第 2 章 2.3 节应用案例的方法，使用 Keil MDK 创建项目（命名为 Pro02）。Pro02 的 LED 控制部分（led.h、led.c）和第 2 章中的 Pro01 完全一样，不需要更改。

按照以下步骤更改 Pro01，实现目标：①新增按键控制模块的代码，在"BSP"文件夹中新建 key. c、key. h 文件；②通过 "Manage Project Items" 对话框将新建的 key. c 文件添加到工程中；③将 key. h 文件代码编辑如代码 4-3 所示。

代码 4-3　key. h

```
1    //Filename：key. h
2
3    #include "vartypes. h"
4
5    #ifndef_KEY_H
6    #define_KEY_H
7
8    #define KEY_ON 1
9    #define KEY_OFF 0
10
11   void KeyInit( void) ;
12   Int08UKeyScan( void) ;
13
14   #endif
15
```

在 key. h 中定义了两个宏：KEY_ON、KEY_OFF，这两个宏用来标识按键的按下、释放的状态。根据 I/O 端口的输入模式设置的不同，KEY_ON、KEY_OFF 的值不同。图 4-15 中，按键连接在 PB0 引脚，而另一端通过电阻和电源相连，即按键接通会给 I/O 端口一个高电平，因此 KEY_ON、KEY_OFF 分别定义为 1 和 0。另外，定义了两个函数 KeyInit、KeyScan，分别实现按键接口的初始化、按键状态查询的功能。

编辑 key. c 文件，如代码 4-4 所示。

代码 4-4　key. c

```
1    //Filename：key. c
2
3    #include "includes. h"
4
5    void    KeyInit( )
6    {
7      GPIO_InitTypeDef g;
8      RCC_APB2PeriphClockCmd( RCC_APB2Periph_GPIOB,ENABLE) ;
9      g. GPIO_Pin = GPIO_Pin_0;
10     g. GPIO_Mode = GPIO_Mode_IPD;
11     GPIO_Init( GPIOB,&g) ;
12   }
13
14   Int08UKeyScan( )
15   {
16     return GPIO_ReadInputDataBit( GPIOB,GPIO_Pin_0) ;
17   }
18
```

KeyInit 函数中将 PB0 设置为下拉输入模式（GPIO_Mode_IPD），即当按键释放时读取 I/O 端口的状态为低电平 0，按键按下时读取 I/O 端口的状态为高电平 1。KeyScan 函数直接返回的是 PB0 的状态。

更改 main. c 文件中的 main 函数，如代码 4-5 所示。

代码 4-5　main. c

```
1    #include " includes. h"
2
3    / **
4      * @ brief Main program.
5      * @ param　None
6      * @ retval None
7      */
8    int main( void)
9    {
10     LEDInit( ) ;
11     KeyInit( ) ;
12     LED(0) ;
13
14     / * Infinite loop */
15     while (1)
16     {
17       if( KeyScan( ) == KEY_ON)
18       {
19         LED(1) ;
20       }
21       if( KeyScan( ) == KEY_OFF)
22       {
23         LED(0) ;
24       }
25     }
26   }
27
```

在 main 函数中，首先调用 LEDInit 和 KeyInit 对连接 LED 和按键的 I/O 端口进行初始化；在无限循环 while（1）中，不停查询 KeyScan 函数的返回值，如果是按键按下的标识则点亮 LED、否则熄灭 LED。

4.4.4　仿真运行结果

仿照第 2 章 2.3.4 节，在 ProteusPro02 工程中双击 STM32F103R6，然后选择在 Keil MDK 中编译生成的 Pro02. hex 文件。案例仿真运行的效果如图 4-16 所示，当按键 BUTTON1 弹起释放时，LED 呈黑色表示熄灭状态；当按键 BUTTON1 被按下时，LED 呈黄色表示被点亮。分别如图 4-16a 和图 4-16b 所示。

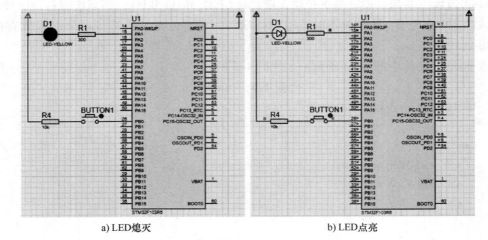

a) LED熄灭   b) LED点亮

图 4-16　仿真效果图

4.5　小结

本章详细介绍了 GPIO 的内部工作原理，分析了 GPIO 的原理框图。分输入、输出两类对 GPIO 的八种工作模式的工作原理进行了详细分析，只有掌握了 GPIO 每个工作模式的内部原理才能在实际的开发中灵活应用。最后，在第 2 章 2.3 节应用案例的基础上新加了一个按键，然后根据按键按下或弹起的状态来改变 LED 点亮和熄灭的状态。通过这个应用案例读者应该掌握如何使用代码对 STM32 的 GPIO 进行初始化、输入、输出等操作。

在一般的应用场景中，用户点按键这个动作并不频繁，所以在 main 函数的无限循环中不停查看 PB0 的状态并不是必要的。在下一章将介绍 STM32 的中断和事件。

4.6　习题

1. 简述 STM32 常见的封装方式。
2. 嵌入式系统研发工作中，应该如何选择芯片的封装方式？
3. GPIO 的输入工作模式有哪些？
4. GPIO 的输出工作模式有哪些？
5. 简述 GPIO 模拟输入工作模式中信号的流向。
6. 简述 GPIO 开漏输出模式中信号的流向。
7. 说明 GPIO 使用的流程及其对应步骤的实现方法。
8. 整理 GPIO 各种工作模式的适用场景。
9. 在 4.4 节案例的基础上再增加一个 LED（D2）和一个按键（BUTTON2），让 BUTTON2 控制 D2，实现 BUTTON1 控制 D1 同样的效果。

第 **5** 章 中断和事件

本章目标

- 了解中断的相关概念
- 了解嵌套向量中断控制器（NVIC）的配置方法
- 掌握外部中断/事件控制器（EXTI）的 GPIO 映像
- 掌握中断方式触发 I/O 端口的方法

中断是一种外部设备和处理器之间进行通信的机制，外部设备通过中断的方式来通知处理器有事情发生了，而处理器有专门的模块根据发生事情的紧急程度来决定是否要暂停正在执行的程序来响应中断事件。由于中断机制的存在，正在执行的应用程序不用理会中断的发生和处理，中断响应程序也不用关心应用程序的执行状态，所有这些都交给中断控制器来处理，使得程序开发变得更简单、处理器的执行更高效。

本章主要介绍 STM32F103xx 中断和事件机制以及它们的使用方法。

5.1 中断的相关概念

在处理器中，所谓中断是一个过程，即 CPU 正在执行程序过程中遇到更加紧急的事件（内部的或外部的）需要处理时，暂时中止当前程序的执行转而去处理紧急事件，处理完毕后再返回到暂停处（断点）继续执行原来的程序。为事件服务的程序称之为中断服务程序或中断处理程序，能引发中断的事件称为中断源。中断处理流程如图 5-1 所示。

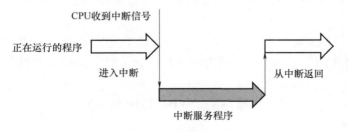

图 5-1 中断处理流程示意图

按照事件发生的顺序，整个中断过程包括：①中断源发出中断请求；②判断当前处理机是否允许中断和该中断源是否被屏蔽；③按照优先权对当前发生的中断排队；④处理机执行完当前指令或当前指令无法执行完，则立即停止当前程序，保护断点地址和处理机的当前状态，转入相应的中断服务程序；⑤执行中断服务程序；⑥恢复被保护的状态，执行"中断返回"指令回到被中断的程序或转入其他程序。

STM32 有两个优先级的概念：响应优先级、抢占优先级，每个中断源都需要事先指定这两种优先级。响应优先级也叫"亚优先级"或"副优先级"；而抢占优先级要高于响应优先级，就是说一个低抢占优先级的中断程序正在执行时发生了一个高抢占优先级的中断，则第一个中断要暂停来响应这个新的中断，即所谓的中断嵌套。

嵌入式系统中，中断嵌套是指当系统正在执行一个中断服务程序时，又有新的中断事件发生而产生了新的中断请求。此时，CPU 对中断的响应方式取决于这两个中断的优先级。如果两个中断的抢占优先级相同，再比较响应优先级。值得注意的是，只要抢占优先级相同，则不论它们的响应优先级如何，都要等正在响应的中断程序执行完才会响应新的中断信号。只有当两个抢占优先级相同的中断信号同时到达的时候，中断控制器才会根据它们的响应优先级高低来决定先处理哪一个。

中断系统的另一个重要功能是中断屏蔽，即程序员可以通过设置相应的中断屏蔽位禁止CPU 响应某个中断，从而实现中断屏蔽。中断屏蔽的目的是保证在执行一些关键程序时不响应中断，以免造成延时而引起错误。

5.2 嵌套向量中断控制器（NVIC）

嵌套向量中断控制器（Nested Vectored Interrupt Controller，NVIC）是一个在 Cortex-M3 内建的中断控制器，非常强大和方便，不可屏蔽中断（Non Maskable Interrupt，NMI）和外部中断都由它来处理。

5.2.1 NVIC 简介

NVIC 与 CM3Core 紧密耦合，支持中断嵌套、使用挂起、放弃指令执行、迟到中断处理等多种技术，为 Cortex-M3 提供出色的中断处理服务。Cortex-M3 内核支持 256 个中断，包括 16 个内核中断和 240 个外部中断，并且具有 256 级的可编程中断设置。但 STM32 并没有使用 CM3 内核的全部东西，而只用了它的一部分。

STM32 有 84 个中断，包括 16 个内核中断和 68 个可屏蔽中断，具有 16 级可编程的中断优先级。而常用的就是这 68 个可屏蔽中断，但是 STM32 的 68 个可屏蔽中断，在 STM32F103 系列上面只有 60 个。

V3.5 版的 STM32 标准库在 "core_cm3.h" 文件中定义了一个 NVIC_Type 的结构体（代码 5-1），此结构体中定义了与 NVIC 相关的寄存器，了解了这些寄存器就可以比较方便地使用 STM32 的中断。

代码 5-1　NVIC_Type 结构体

```
1    typedef struct
2    {
3        __IOuint32_t ISER[8];
4        uint32_t RESERVED0[24];
```

```
5      __IOuint32_t ICER[8];
6      uint32_t RESERVED1[24];
7      __IOuint32_t ISPR[8];
8      uint32_t RESERVED2[24];
9      __IOuint32_t ICPR[8];
10     uint32_t RESERVED3[24];
11     __IOuint32_t IABR[8];
12     uint32_t RESERVED4[56];
13     __IOuint8_t IPR[240];
14     uint32_t RESERVED5[644];
15     __Ouint32_t STIR;
16   } NVIC_Type;
```

NVIC 相关的寄存器主要包括中断使能寄存器组（Interrupt Set-Enable Registers，ISER）、中断除能寄存器组（Interrupt Clear-Enable Registers，ICER）、中断挂起寄存器组（Interrupt Set-Pending Registers，ISPR）、中断解挂寄存器组（Interrupt Clear-Pending Registers，ICPR）、中断激活标志位寄存器组（Interrupt Active Bit Registers，IABR）、中断优先级寄存器组（Interrupt Priority Registers，IPR）等，接下来分别予以介绍。

1）ISER [8] 是一个中断使能寄存器组。如前所述，CM3 内核支持 256 个中断，这里用 8 个 32 位寄存器来控制，每个位控制一个中断。但是 STM32F103 的可屏蔽中断只有 60 个，所以此处真正有效的就是 2 个（ISER [0] 和 ISER [1]），总共可以表示 64 个中断。STM32F103 只用了其中前面的 60 位。ISER [0] 的 bit0 ~ bit31 分别对应中断 0 ~ 31，ISER [1] 的 bit0 ~ bit27 对应中断 32 ~ 59，这样就分别对应上了 60 个中断。要使能某个中断，只需要设置相应的 ISER 位为 1，即可使该中断被使能（这里仅仅是使能，还要配合中断分组、屏蔽、I/O 端口映射等设置才算是一个完整的中断设置）。具体每一位对应哪个中断，在头文件 "stm32f10x. h" 中定义了一个名称为 "IRQn" 的枚举类型 "type enum IRQn"，可以参看库函数的源码文件 "stm32f10x. h"。

2）ICER [8] 是一个中断除能寄存器组。该寄存器组与 ISER 的作用恰好相反，是用来清除某个中断的使能的。其对应位的功能，也和 ISER 类似。这里要专门设置一个 ICER 来清除中断位，而不是将 ISER 对应位改为 0 来清除，是因为 NVIC 的这些寄存器都是写 1 有效、写 0 无效。写 0 无效是个关键的设计理念，通过这种方式，使能/除能中断时只需把"当事位"写成 1，其他的位可以全部为 0。这样不用顾虑因为有些位被写入 0 而破坏其对应的中断设置（写 0 没有效果），从而实现每个中断都可以独自设置、互不影响。

3）ISPR [8] 是一个中断挂起寄存器组。每个位对应的中断和 ISER 是一样的。通过置 1，可以将正在进行的中断挂起，而执行同级或更高级别的中断。写 0 是无效的。

4）ICPR [8] 是一个中断解挂寄存器组。其作用与 ISPR 相反，对应位也和 ISER 是一样的。通过设置 1，可以将挂起的中断解挂。写 0 无效。

5）IABR [8] 是一个中断激活标志位寄存器组。对应位所代表的中断和 ISER 一样，如果为 1，则表示该位所对应的中断正在被执行。这是一个只读寄存器，通过它可以知道当前在执行的中断是哪一个。在中断执行完了由硬件自动清零。

6）IPR [240] 是一个中断优先级寄存器组。STM32 的中断分组与这个寄存器组密切相关。IPR 由 240 个 8bit 的寄存器组成，每个可屏蔽中断占用 8bit，这样总共可以表示 240 个可屏蔽中断。而 STM32 只用到了其中的前 60 个。IPR［59］~ IPR［0］分别对应中断 59 ~ 0。而每个可屏蔽中断占用的 8bit 并没有全部使用，而是只用了高 4 位。这 4 位又分为抢占优先级和子优先级，抢占优先级在前、子优先级在后。而这两个优先级各占几个位又要根据 SCB→AIRCR 中的中断分组设置来决定。

5.2.2　NVIC 配置

那么，STM32 中断的抢占优先级和响应优先级具体是怎样定义的呢？STM32 将中断分为五个组（NVIC_PriorityGroup_0 ~ NVIC_PriorityGroup_4）。该分组的设置是由 SCB→AIRCR 寄存器的 bit10 ~ 8 来定义的。具体的分配关系见表 5-1。

表 5-1　STM32 中断向量优先级分组

组　　别	AIRCR［10：8］	bit［7：4］分配结果
0	111	0 位抢占优先级，4 位响应优先级
1	110	1 位抢占优先级，3 位响应优先级
2	101	2 位抢占优先级，2 位响应优先级
3	100	3 位抢占优先级，1 位响应优先级
4	011	4 位抢占优先级，0 位响应优先级

通过表 5-1，可以清楚地看到五个分组对应的配置关系，比如将中断的组号设置为 3，那么此时的中断优先级寄存器的高 4 位中的最高 3 位是抢占优先级、低 1 位是响应优先级。每个属于 3 组的中断，可以设置抢占优先级为 0 ~ 7（3 位二进制数能表示的范围），响应优先级为 1 或 0（2 位二进制数能表示的范围）。另外，抢占优先级的级别高于响应优先级，而数值越小所代表的优先级就越高。

如前面所述，抢占优先级高于响应优先级。例如，假定设置中断优先级组为 2，然后设置中断 3（RTC 中断）的抢占优先级为 2，响应优先级为 1；中断 6（外部中断 0）的抢占优先级为 3，响应优先级为 0；中断 7（外部中断 1）的抢占优先级为 2，响应优先级为 0。那么这三个中断的优先级顺序为：中断 7 > 中断 3 > 中断 6。中断 3 和中断 7 都可以打断中断 6 的中断响应服务；而中断 7 和中断 3 却不可以相互打断，只有当中断 7 和中断 3 同时发生的时候，才会优先响应中断 7。

NVIC 中断管理函数主要在 "misc. c" 文件里面。在进行中断优先级配置时只需要两步：设置中断分组、设置所使用的中断的优先级。

1）设置中断分组，需要调用函数 NVIC_PriorityGroupConfig，此函数唯一目的就是通过设置 SCB→AIRCR 寄存器来设置中断优先级分组。函数实现如代码 5-2 所示。

代码 5-2　NVIC_PriorityGroupConfig 函数

```
1    void NVIC_PriorityGroupConfig( uint32_t NVIC_PriorityGroup)
2    {
3    /* Check the parameters */
4      assert_param( IS_NVIC_PRIORITY_GROUP( NVIC_PriorityGroup) );
5    /* Set the PRIGROUP[10:8] bits according to NVIC_PriorityGroup value */
6      SCB ->AIRCR = AIRCR_VECTKEY_MASK | NVIC_PriorityGroup;
7    }
```

NVIC_PriorityGroupConfig 函数的输入参数"NVIC_PriorityGroup"的取值表示中断的分组，可能值为 NVIC_PriorityGroup_0 ~ NVIC_PriorityGroup_4，参考表 5-1 了解中断分组。

2）调用函数 void NVIC_Init（NVIC_InitTypeDef ∗ NVIC_InitStruct）可以设置所用中断的优先级。它的输入 NVIC_InitTypeDef 结构体在文件"misc. h"中定义，如代码 5-3 所示。

代码 5-3   NVIC_InitTypeDef 结构体

```
1  typedef struct
2  {
3    uint8_t NVIC_IRQChannel；
4    uint8_t NVIC_IRQChannelPreemptionPriority；
5    uint8_t NVIC_IRQChannelSubPriority；
6    FunctionalState NVIC_IRQChannelCmd；
7  } NVIC_InitTypeDef；
```

NVIC_InitTypeDef 结构体中有四个成员：

① NVIC_IRQChannel：需要配置的中断向量。定义初始化的是哪个中断（中断源），这个可以在"stm32f10x. h"中找到每个中断对应的名字，如 USART1_IRQn、SPI1_IRQn 等。

② NVIC_IRQChannelPreemptionPriority：配置中断向量的抢占优先级。

③ NVIC_IRQChannelSubPriority：配置中断向量的响应优先级。

④ FunctionalState NVIC_IRQChannelCmd：使能或者关闭中断向量的中断响应。

例如，用户想要使能 STM32 串口 1 的中断，同时设置抢占优先级为 1、响应优先级为 2，初始化的如代码 5-4 所示。

代码 5-4   设置 USART1 中断

```
1  NVIC_InitTypeDef NVIC_InitStructure；
2  NVIC_InitStructure. NVIC_IRQChannel = USART1_IRQn；        //串口 1 中断
3  NVIC_InitStructure. NVIC_IRQChannelPreemptionPriority = 1；//抢占优先级为 1
4  NVIC_InitStructure. NVIC_IRQChannelSubPriority = 2；        //响应优先级为 2
5  NVIC_InitStructure. NVIC_IRQChannelCmd = ENABLE；          //IRQ 通道使能
6  NVIC_Init(&NVIC_InitStructure)；       //根据上面指定的参数初始化 NVIC 寄存器
```

5.3   外部中断/事件控制器（EXTI）

EXTI 是外部中断/事件控制器（External Interrupt/Event Controller）的简称，用来管理控制器的 20 个中断/事件线。每个中断/事件线都对应一个边沿检测器，可以实现输入信号的上升沿检测和下降沿检测。EXTI 可以实现对每个中断/事件线进行单独配置，可以单独配置为中断或事件及其相对应的触发事件的属性。

5.3.1   EXTI 框图

EXTI 由 19 个产生事件/中断要求的边沿检测器组成，每条输入线可以独立地配置输入类型（脉冲或挂起）和对应的触发事件（上升沿、下降沿、双边沿触发）；每条输入线都可以被独立地屏蔽。EXTI 框图如图 5-2 所示。

图 5-2 是一条外部中断/事件线的示意图，图中信号线上划有一条斜线"/"加上旁边 19 字样的注释，表示这样的线路共有 19 条（STM32F103 互联型产品有 20 条）。

79

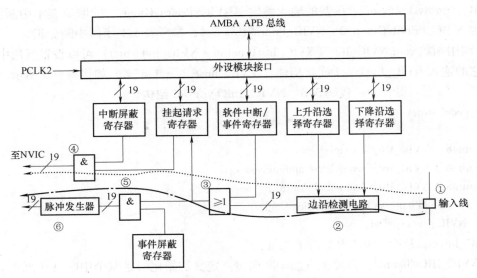

图 5-2　EXTI 框图

图 5-2 中的虚线箭头，标出了外部中断信号的传输路径。中断信号进入芯片后经过了几个关卡：

1）经过②处的边沿检测电路。这个边沿检测电路同时受上升沿选择寄存器或下降沿选择寄存器控制，用户可以自由选择触发方式，可以是上升沿、下降沿、上升沿＋下降沿三种触发方法。

2）经过③处的"或门"。这个"或门"的另一个输入是软件中断/事件寄存器，从这里可以看出，软件可以优先于外部信号请求一个中断/事件，即当软件中断/事件寄存器的对应位为"1"时，不管外部信号如何，③处的"或门"都会输出有效信号。也就是说，中断/事件除了通过 I/O 端口从外部触发外，还可以通过软件从内部触发。

3）进入挂起请求寄存器。在此之前，中断和事件的信号传输通路都是一致的。也就是说，挂起请求寄存器中记录了所有中断信号的电平变化。

4）外部请求信号最后经过④处的"与门"，向 NVIC 发出一个中断请求。这里要注意，如果中断屏蔽寄存器的输出为"0"，则该请求信号不能传输到"与门"的另一端，实现了中断的屏蔽。

图 5-2 中点画线箭头，标出了外部事件信号的传输路径。外部请求信号经过③处的"或门"后，进入⑤处的"与门"，这个"与门"的作用与④处的"与门"类似，用于引入事件屏蔽寄存器的控制；最后⑥处的脉冲发生器的一个跳变的信号转变为一个单脉冲，输出到芯片中的其他功能模块。

从图 5-2 可以看出，中断和事件的产生源可以是一样的。之所以分成两部分，是因为中断是需要 CPU 参与的，需要软件的中断服务函数才能完成中断后产生的结果；但是事件是靠脉冲发生器产生一个脉冲，进而由硬件（片上外设）自动完成这个事件产生的结果，当然相应的联动部件需要先设置好，比如引起 DMA 操作、A/D 转换等。

简单举例：外部 I/O 触发 A/D 转换，来测量环境温度。如果使用中断通道，需要 I/O 触发产生外部中断，外部中断服务程序启动 A/D 转换，A/D 转换完成中断服务程序后提交最后结果；若使用事件通道，I/O 触发产生事件，然后联动触发 A/D 转换，A/D 转换完成中断服务程序后才提交最后结果。相比之下，后者不需要软件参与 A/D 触发，并且响应速度也更快。如果使用事件触发 DMA 操作，就完全不用软件参与就可以完成某些联动任务了。

可以这样简单地认为，事件机制提供了一个完全由硬件自动完成从触发到产生结果的通道，不需要软件的参与，降低了 CPU 的负荷，节省了中断资源，提高了响应速度，是利用硬件来提升 CPU 芯片处理事件能力的一个有效方法。

5.3.2　EXTI 的 GPIO 映像

STM32 每一个 GPIO 都可以触发一个外部中断，GPIO 的中断是以组为单位的，同组间的外部中断同一时间只能使用一个。例如，PA0、PB0、PC0、PD0、PE0、PF0 和 PG0 为一组，如果使用 PA0 作为外部中断源，那么同组的其他 GPIO（PB0、PC0、PD0、PE0、PF0 和 PG0）就不能再作为外部中断源使用，只能使用类似于 PB1、PC2 这种数字序号不同的外部中断源。外部中断 GPIO 映像如图 5-3 所示。

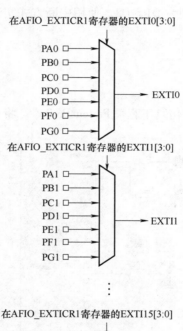

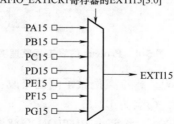

图 5-3　STM32F103 外部中断 GPIO 映像

由图 5-3 可知，STM32F103xx 的 19 个外部中断/事件输入线（非互联产品），被 GPIO 口占用了 16 个（EXTI0 ~ EXTI15）。而 GPIO 的 16 个输入线中的每一条线实际上是被 7 个 GPIO 共享的（一组），一次只能配置给其中一个使用。

另外 3 条中断线，EXTI16 连接到 PVD 输出、EXTI17 连接到 RTC 闹钟事件、EXTI18 连接到 USB 唤醒事件。

5.3.3　EXTI 使用步骤

使用 EXTI 的基本步骤为：①初始化外部中断 I/O 端口；②开启该 I/O 端口的复用时钟，设置 I/O 端口与中断线的映射关系；③开启与该 I/O 端口相对应的中断/事件，设置触发条件；④配置中断分组，并使能中断；⑤编写中断服务函数。

具体的软件实现方法见 5.4 节中断应用案例。

5.4　中断应用案例：中断方式的按键控制 LED

5.4.1　目标

在第 4 章案例的基础上，再添加一个按键和一个 LED。即本案例的电路有两个按键分别为 KEY1、KEY2，两个 LED 分别为 D1、D2。使用中断方式实现以下两个功能：

1）KEY1 按键按下，D1 点亮。

2）KEY2 按键按下，D2 点亮。

5.4.2　仿真电路设计

打开 Proteus，创建工程 3 的仿真工程"ProteusPro03"。将电路连接为如图 5-4 所示。

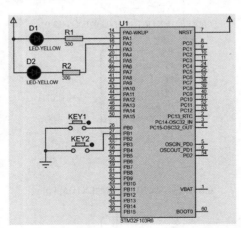

图 5-4　Proteus 仿真工程原理图

相较于第 4 章的"ProteusPro02"，本案例做了两处修改：

1）在 PA2 增加了一个 LED，命名为 D2。

2）在 PB1 增加了一个 BUTTON，将两个 BUTTON 全部接地，分别命名为 KEY1、KEY2。

5.4.3　代码实现

在第 2 章的模板工程的基础上新建 Keil MDK 工程 Pro03。

在"BSP"目录下新建"exti. h""exti. c""bsp. h""bsp. c"。单击 ，使用"Manage Project Items"对话框将"exti. c""bsp. c"两个新加的文件添加到"BSP"组中；另外，在"FWLib"组中添加"stm32f10x_exti. c""misc. c"文件。完成后，Pro03 工程目录如图 5-5 所示。

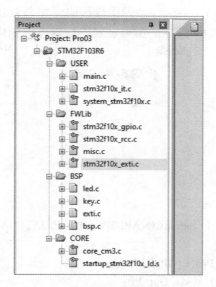

图 5-5　Pro03 工程目录

　　工程 Pro03 中，新加入的 exti 模块（exti. h、exti. c）用来管理中断的初始化、中断事件处理。因为 Pro03 中要初始化的东西变得更多了，所以新加入 bsp 模块（bsp. h、bsp. c）专门用来实现一个硬件的初始化函数 BspInit，这样在 main 函数中直接调用这个初始化函数就可以了，代码更加整洁。

　　因为新增了一个 LED，所以需要对控制 LED 的软件重新编辑。更改"led. h"如代码 5-5 所示。

代码 5-5　led. h

```
1    //Filename:led. h
2
3    #include " vartypes. h"
4
5    #ifndef _LED_H
6    #define _LED_H
7
8    #define LED_ON 0
9    #define LED_OFF 1
10
11   void LEDInit( void) ;
12   void LED( Int08U ledNO,Int08U ledState) ;
13
14   #endif
15
```

　　新加入两个宏 LED_ON、LED_OFF，分别用来标识 LED 的点亮、熄灭状态，相对于 0 和 1 更容易识别。第 12 行代码对 LED 函数进行了更改，设置成两个输入参数：一个参数（led-NO）用来指定操作的是哪一个 LED；另一个参数（ledState）用来指定需要将 LED 设置成什么状态。

"led. c" 文件代码如代码 5-6 所示。第 10 行代码，将新接的 LED 的端口 PA2 也初始化了；第 16 ~ 42 行代码根据输入的 LED 的编号和状态来对连接相应 LED 的端口进行置 1 或置 0 操作。

代码 5-6   led. c

```
1    //Filename:led. c
2
3    #include " includes. h"
4
5    void LEDInit( void)
6    {
7      GPIO_InitTypeDef g;
8      RCC_APB2PeriphClockCmd( RCC_APB2Periph_GPIOA,ENABLE);
9
10     g. GPIO_Pin = GPIO_Pin_1 | GPIO_Pin_2;
11     g. GPIO_Mode = GPIO_Mode_Out_PP;
12     g. GPIO_Speed = GPIO_Speed_10MHz;
13     GPIO_Init( GPIOA,&g);
14   }
15
16   void LED( Int08U ledNO,Int08U ledState)
17   {
18     switch( ledNO)
19     {
20       case 1:
21         if( ledState = = LED_OFF)
22         {
23           GPIO_SetBits( GPIOA,GPIO_Pin_1);
24         } else
25         {
26           GPIO_ResetBits( GPIOA,GPIO_Pin_1);
27         }
28         break;
29       case 2:
30         if( ledState = = LED_OFF)
31         {
32           GPIO_SetBits( GPIOA,GPIO_Pin_2);
33         } else
34         {
35           GPIO_ResetBits( GPIOA,GPIO_Pin_2);
36         }
37         break;
38
39       default:
```

```
40          break;
41        }
42     }
43
```

"exti. h" 头文件如代码 5-7 所示，其中只声明了一个函数 EXTIKeyInit（void）（第 6 行代码），此函数用于对外部中断输入线、中断优先级等进行配置，而这里的外部中断输入线连接了按键的两个端口：PB0 和 PB1。

代码 5-7　exti. h

```
1    //Filename:exti. h
2
3    #ifndef _EXTI_H
4    #define _EXTI_H
5
6    void EXTIKeyInit( void);
7
8    #endif
9
```

"exti. c" 源文件如代码 5-8 所示，主要工作是初始化中断并实现中断响应函数。

代码 5-8　exti. c

```
1    //Filename:exti. c
2
3    #include" includes. h"
4
5    void EXTIKeyInit( void)
6    {
7      EXTI_InitTypeDef Exti_InitStructure;
8
9      KeyInit( );
10
11     RCC_APB2PeriphClockCmd( RCC_APB2Periph_AFIO,ENABLE);
12
13     GPIO_EXTILineConfig( GPIO_PortSourceGPIOB,GPIO_PinSource0);
14     GPIO_EXTILineConfig( GPIO_PortSourceGPIOB,GPIO_PinSource1);
15
16     Exti_InitStructure. EXTI_Line = EXTI_Line0 | EXTI_Line1;
17     Exti_InitStructure. EXTI_Mode = EXTI_Mode_Interrupt;
18     Exti_InitStructure. EXTI_Trigger = EXTI_Trigger_Falling;
19     Exti_InitStructure. EXTI_LineCmd = ENABLE;
20     Exti_Init( &EXTI_InitStructure);
21
22     NVIC_EnableIRQ( EXTI0_IRQn);
23     NVIC_EnableIRQ( EXTI1_IRQn);
24     NVIC_SetPriority( EXTI0_IRQn,5);
```

```
25      NVIC_SetPriority(EXTI1_IRQn,6);
26    }
27
28    void EXTI0_IRQHandler( )
29    {
30      LED(1,LED_ON);
31      EXTI_ClearFlag(EXTI_Line0);
32      NVIC_ClearPendingIRQ(EXTI0_IRQn);
33    }
34
35    void EXTI1_IRQHandler( )
36    {
37      LED(2,LED_ON);
38      EXTI_ClearFlag(EXTI_Line1);
39      NVIC_ClearPendingIRQ(EXTI1_IRQn);
40    }
41
```

代码 5-8 中，第 5～26 行代码为中断按键的初始化函数 EXTIKeyInit。该函数中，第 7 行代码定义了一个结构体变量 Exit_InitStructure；第 9 行代码调用按键 I/O 端口的初始化函数 KeyInit( )；第 11 行代码是使能 GPIO 的复用时钟功能，因为配置外部中断的寄存器（AFIO_EXTICRx）之前要先打开 AFIO 时钟；第 13～14 行代码是将 PB 组对应的 I/O 端口映射到 EXTI0、EXTI1，结合 GPIO 和图 5-3 可知，这两行代码的作用是将 PB0、PB1 分别映射到 EXTI0、EXTI1 上；第 16～20 行代码先对第 7 行定义的结构体进行填充，包括外部中断线、外部中断模式、中断触发方式，然后调用 Exti_Init 函数将这些属性的值置到相关的中断配置寄存器的对应位；第 22～25 行代码配置中断优先级。

第 28～40 行代码是中断服务函数，读者可能注意到这两个中断服务函数在 "exti. h" 中并未声明它们。这是因为 ST 官方已经把所有中断服务函数的名称都定好了，并把它们放到了中断向量表中（也就是启动文件中，本案例中的启动文件是 startup_stm32f10x_ld. s）。为对应的中断写中断服务函数时，函数名称必须和中断向量表中对应的中断服务函数的名称完全一致，当前面设置好的中断发生时，CPU 才能找到中断服务的入口去执行。而本例中的两个中断服务函数需要负责的事情非常简单，就是将 LED 点亮，然后清除中断标志后退出服务函数。

本案例的 "key. h" 文件相对于第 4 章的案例变化不大。新的 "key. c" 文件代码如代码 5-9 所示。

代码 5-9　key. c

```
1    //Filename:key. c
2
3    #include" includes. h"
4
5    void KeyInit( )
6    {
7      GPIO_InitTypeDef g;
8      RCC_APB2PeriphClockCmd( RCC_APB2Periph_GPIOB,ENABLE);
```

```
9
10      g. GPIO_Pin = GPIO_Pin_0|GPIO_Pin_1;
11      g. GPIO_Mode = GPIO_Mode_IPU;
12      GPIO_Init(GPIOB,&g);
13
14      GPIO_SetBits(GPIOB,GPIO_Pin_0|GPIO_Pin_1);
15  }
16
```

相对于第 4 章案例中的"key. c",代码 5-9 在第 10 行代码中新加了 GPIO_Pin_1,即接入 KEY2 的 PB2;第 11 行代码将 GPIO_Mode 设置为 GPIO_Mode_IPU,因为在本案例中的 KEY 改为接地,所以按下的时候是低电平,弹起的时候应该是高电平,所以将这两个 I/O 端口的模式设置为上拉输入模式;第 14 行代码将这两个 I/O 端口置为 1(即弹起状态)。

BSP 相关的两个文件"bsp. h""bsp. c"是在本案例中新加入的。"bsp. h"中声明了一个函数 BSPInit,顾名思义就是将所有硬件的初始化都在这个函数中实现。这个函数的实现很简单,就是将各个模块的 Init 函数集中调用一下,如代码 5-10 所示。

代码 5-10   bsp. h

```
1   //Filename:bsp. h
2
3   #ifndef _BSP_H
4   #define _BSP_H
5
6   void BSPInit(void);
7
8   #endif
9
```

相对于上一案例,代码 5-11 将 KeyInit 函数替换成 EXTIKeyInit 函数,而 KeyInit 函数是在 EXTIKeyInit 函数中调用的。

代码 5-11   bsp. c

```
10  //Filename:bsp. c
11
12  #include "includes. h"
13
14  void BSPInit(void)
15  {
16      LEDInit();
17      EXTIKeyInit();
18  }
19
```

至此,完成了各个模块的代码编写。再来看一下 main 函数的改变,如代码 5-12 所示。

代码 5-12   main. c

```
1   //Filename:main. c
2   #include "includes. h"
```

```
3
4    / **
5      @ brief Main program.
6      @ param None
7      @ retval None
8    */
9    int main( void)
10   {
11     BSPInit( );
12     LED( 1 ,LED_OFF);
13     LED( 2 ,LED_OFF);
14
15     / * Infinite loop * /
16     while ( 1)
17     {
18     }
19   }
20
```

在本案例的 main 函数中，所有的初始化工作都放入了 BSP 中的 BSPInit 函数，所以此处只需要调用一次 BSPInit 即可（第 11 行代码）；第 12 ~ 13 行代码将两个 LED 置为熄灭的状态；第 15 ~ 18 行代码是无限循环，在这个循环中没有任何代码，因为本案例中所有的按键输入事件都设置成了外部中断，由中断服务函数来对按键按下的事件进行处理，所以不需要在此处添加按键扫描程序 KeyScan 来不停轮询按键状态了。

5.4.4 仿真运行结果

在 Keil MDK 中单击"ReBuild"图标重新编译工程，生成"HEX"文件。打开"Proteus-Pro03"工程，双击"STM32F103R6"载入"Pro03. hex"文件，单击左下侧▶图标，仿真运行效果如图 5-6 所示。

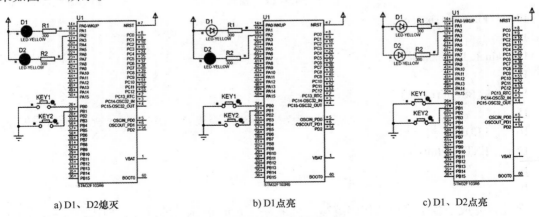

a) D1、D2熄灭   b) D1点亮   c) D1、D2点亮

图 5-6　Proteus 仿真效果图

图 5-6a 为刚开始运行的效果，KEY1、KEY2 都是弹起状态，D1、D2 也是熄灭状态；图 5-6b 是 KEY1 按下之后的效果，D1 被点亮；图 5-6c 是 KEY2 也被按下之后的效果，D2 也

被点亮。

在"exti. c"的 EXTIKeyInit 函数中把 PB0、PB1 的外部中断输入的触发模式都设置成下降沿触发 EXTI_Trigger_Falling，在"key. c"中的 KeyInit 函数中将 PB0、PB1 的 GPIO 模式设置为 GPIO_Mode_IPU（即上拉输入模式），因此开始启动的时候 PB0、PB1 是高电平，当按键按下的时候接地会输入一个低电平，从高电平到低电平即是一个下降沿，会触发中断服务函数，因此在按键刚被按下的时候就会点亮对应的 LED。

5.5　小结

本章介绍了中断的相关概念、嵌套向量中断控制器（NVIC）的原理及其配置方法，详细介绍了外部中断/事件控制器（EXTI）的工作原理框图、GPIO 映像、使用步骤。最后，给出了一个中断方式按键控制 LED 的案例，两个按键均设置为下降沿触发的外部中断输入方式，并给出了详细的实现代码。在使用 STM32 的中断时，需要注意中断的线路、中断的触发条件以及中断响应函数中对中断发生之后的代码实现。

通过本章学习，读者了解 STM32 有非常强大的中断系统，可以按照不同优先级、触发响应条件等来灵活使用。除此之外，STM32 还有强大的定时器系统，将在下一章予以介绍。

5.6　习题

1. 简述中断的概念。

2. 中断方式相对于轮询方式有何优点？

3. 简述嵌套向量中断控制器（NVIC）的主要特性。

4. 简述抢占优先级和响应优先级的区别。

5. 简述 EXTI 的使用过程。

6. 通过 Keil MDK 查看 STM32F10x 的库函数，找出"misc. c"和"stm32f10x_exti. c"文件中所有和 NVIC、EXTI 相关的库函数。

7. 查看 EXTI_Init 函数的源码，此函数是如何通过代码更改 EXTI 相关的配置寄存器的相关位的？

8. 在 Pro03 的基础上添加中断按键 KEY3，当 KEY3 被按下时，熄灭 LED1、LED2。注意：采用中断方式实现。

第 **6** 章　定时器

> ## ⬇ 本章目标
>
> - 了解定时器的概念
> - 掌握 STM32 定时器的类型及其内部结构、工作模式和主要特征
> - 掌握使用库函数控制 STM32 定时器的方法
> - 掌握脉冲宽度调制（PWM）的概念并能够使用 STM32 控制 PWM 的占空比

　　本章讲解 STM32F103xx 上的另一个重要外设——定时器。定时器是微控制器必备的片上外设，这里的定时器实际上是一个计数器，可以对内部（或外部输入的）脉冲进行计数，不仅具有基本的计数/延时功能，还具有输入捕获、输出比较和 PWM 输出等高级功能。

6.1　定时器的一般概念

　　人类对时间的计量需求古已有之，最早使用的定时工具应该是沙漏或水漏。但在钟表诞生并发展成熟之后，人们开始尝试使用这种全新的计时工具来改进定时器，达到准确控制时间的目的。

　　定时器确实是一项重大发明，使相当多需要时间计量的工作变得简单许多。人们甚至将定时器用在了军事方面，制成了定时炸弹、定时雷管等。不少家用电器都安装了定时器来控制开关或工作时间。

6.1.1　可编程定时/计数器

　　可编程定时/计数器（简称定时器）是微控制器上标配的外设和功能模块。在嵌入式系统中，定时器可以完成以下功能：①在多任务的分时系统中用作中断来实现任务的切换；②周期性执行某个任务，如每隔固定时间完成一次 A/D 采集；③延时一定时间执行某个任务，如控制交通信号灯变化；④显示实时时间，如电子时钟应用；⑤产生不同频率的波形，如控制智能音箱的发声控制系统；⑥产生不同脉宽的波形，如驱动伺服电动机；⑦测量脉冲的个数，如生产线上测量某种转速；⑧测量脉冲的宽度，如测量频率。

　　那么可编程定时/计数器的工作原理是怎样的呢？定时和计数的本质是相同的，它们都是对一个输入脉冲进行计数，如果输入脉冲的频率一定，则记录一定个数的脉冲，其所需的时间是一定的。例如，假设输入脉冲的频率为 2MHz，则计数 2×10^6 个周期的脉冲信号耗时 1s，如果每个周期计数加 1，从 0 开始计数到 2×10^6 需要 1s 的时间。因此，使用同一个接口芯片，既能进行计数，又能进行计时，统称为计时器/计数器（Timer/Counter，T/C）。在嵌入式微控制器中，常见的计数器原理图如图 6-1 所示。

由图 6-1 可知，计数器主要逻辑构成包括：①控制寄存器，决定计数器的工作模式；②状态锁存器，反应工作状态（可无）；③初值（计数）寄存器，计数的初始值；④计数输出寄存器，CPU 从中读出当前计数值；⑤计数器工作单元，执行计数操作。

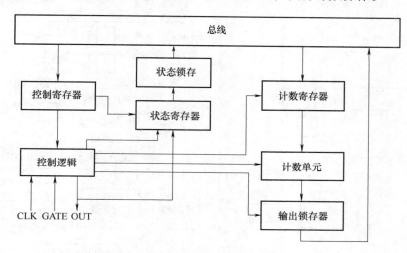

图 6-1　计数器原理图

计数器通过对 CLK 信号进行"减 1 计数"来计时/数。首先 CPU 把控制字写入控制寄存器，把计数初始值写入初值寄存器；然后定时/计数器按控制字要求计数。计数从计数初始值开始，每当 CLK 信号出现一次，计数值减 1，当计数值减为 0 时，从 OUT 端输出规定的信号（具体形式与工作模式有关）。当 CLK 信号出现时，计数值是否减 1（即是否计数），还会受到门控信号（GATE）的影响，一般地，仅当 GATE 有效时才减 1。GATE 如何影响计数操作以及 OUT 端在各种情况下输出的信号形式与定时/计数器的工作模式有关。

这里，还有几点需要注意：

1）CLK 信号是计数输入信号，即计数器对 CLK 出现的脉冲个数进行计数。因此 CLK 信号可以代指外部事件，如产品线上通过一个产品，脉冲电度表发出一个脉冲等，这种情况对应于定时/计数器作为计数器使用。CLK 端也可接入一个固定频率的时钟信号，即对该时钟脉冲计数，从而达到计时的目的。

2）OUT 信号在计数结束时发生变化，可以将 OUT 信号作为外部设备的控制信号，也可以将 OUT 信号作为向 CPU 申请中断的信号。比如，在生产线上每经过一定数量的产品进行规定的操作。

3）CPU 可以从计数输出寄存器中读出当前计数值。一般情况下，计数输出寄存器的值随着计数器的计数值变化，CPU 读取其值之前，应向控制寄存器发送一个锁存命令，此时计数输出寄存器的值不再跟随计数器的值变化，CPU 通过指令从计数输出寄存器中读得当前计数值的同时又使计数输出寄存器的值随计数器的值变化。

6.1.2 STM32 的时钟信号

STM32 有五个时钟源：HSI、HSE、LSI、LSE、PLL，如图 6-2 中带圆圈的编号所示。从时钟频率可将其分成高速时钟源和低速时钟源，其中 HSI、HSE 和 PLL 是高速时钟源，LSI 和 LSE 是低速时钟源；从来源又可将其分成外部时钟源和内部时钟源，外部时钟源就是从外部接入晶振的方式获取时钟源，其中 HSE 和 LSE 是外部时钟源，HSI、LSI 和 PLL 是内部时钟源。

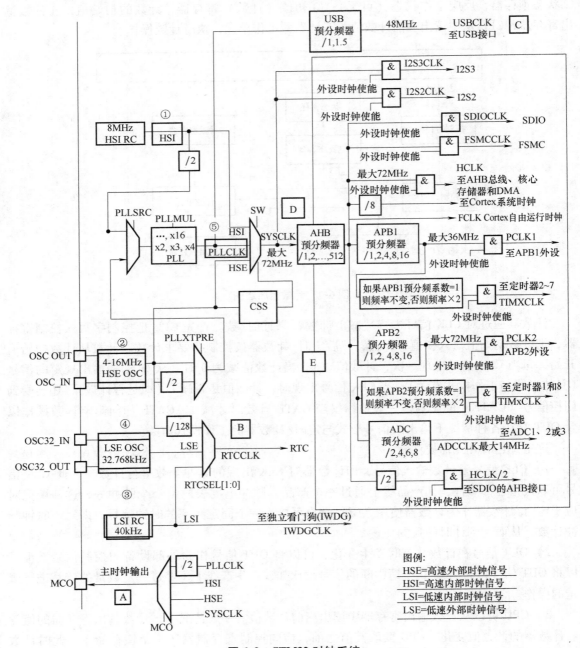

图 6-2 STM32 时钟系统

下面分别介绍 STM32 的五个时钟源：

1）HSI（High Speed Internal）是高速内部时钟，*RC* 振荡器，频率为 8MHz，精度不高。

2）HSE（High Speed External）是高速外部时钟，可接石英/陶瓷谐振器，或者接外部时钟源，频率范围为 4～16MHz。

3）LSI（Low Speed Internal）是低速内部时钟，*RC* 振荡器，频率为 40kHz，提供低功耗时钟。独立看门狗的时钟源只能是 LSI，同时 LSI 还可以作为 PTC 的时钟源。

4）LSE（Low Speed External）是低速外部时钟，接频率为 32.768kHz 的石英晶体，LSE 主要是 RTC 的时钟源。

5）PLL（Phase Locked Loop）为锁相环倍频输出，其时钟输入源可选择为 HSI/2、HSE 或者 HSE/2。倍频可选择为 2～16 倍，但是其输出频率最大不得超过 72MHz。

再来分析一下图 6-2 中 A～E 标识的五个地方：

1）A：STM32 可以选择一个时钟信号输出到 MCO 引脚（PA8，时钟输出引脚）上，可以选择为 PLL 输出的 2 分频、HSI、HSE 或者 SYSCLK，这个时钟可以用来给外部其他系统提供时钟源。

2）B：这里是 RTC 的时钟源，可以选择 LSI、LSE 以及 HSE 的 128 分频。

3）C：此处的 USB 时钟源来自于 PLL 时钟源。STM32 有一个全速功能的 USB 模块，其串行接口引擎需要一个 48MHz 的时钟源。该时钟源只能由 PLL 输出端获取，若 PLL 输出 72MHz，则 1.5 分频；若 PLL 输出 48MHz，则 1 分频。也就是说，当需要使用 USB 模块的时候，PLL 必须使能。

4）D：STM32 的系统时钟（SYSCLK）提供 STM32 的绝大多数部件工作的时钟源。它的来源可以是三个时钟源：HSI 振荡器时钟、HSE 振荡器时钟和 PLL 时钟。SYSCLK 的最大频率为 72MHz。

5）E：这里指的就是其他的所有外设，这些外设的时钟来源都是 SYSCLK。SYSCLK 通过 AHB 分频器分频后送给各模块使用，这些模块包括 AHB 总线、内核、内存和 DMA 使用的 HCLK 时钟（最大 72MHz）。通过 8 分频后送给 Cortex 的系统滴答定时器，也就是 SysTick；直接送给 Cortex 的空闲运行时钟 FCLK；送给 APB1 分频器，APB1 分频器输出一路给 APB1 外设使用（PCLK1，最大频率 36MHz），另一路给定时器使用；送给 APB2 分频器，APB2 分频器输出一路给 APB2 外设使用（PCLK2，最大频率 72MHz），另一路给定时器使用。

APB1 和 APB2 又有什么区别呢？APB1 上面连接的是低速外设，包括电源接口、备份接口、CAN、USB、I^{2}C1、I^{2}C2、USART2、USART3、UART4、UART5、SPI2、SP3 等；而 APB2 上面连接的是高速外设，包括 UART1、SPI1、Timer1、ADC1、ADC2、ADC3、所有的普通 I/O 端口（PA～PE）、第二功能 I/O（AFIO）端口等。

在上面的时钟输出中，有很多是带使能控制的，如 AHB 总线时钟、内核时钟、各种 APB1 外设、APB2 外设等。当使用某模块时，一定要先使能其相应的时钟。

6.2　系统滴答定时器（SysTick）

系统滴答定时器（SysTick）是属于 CM3 内核中的一个外设，相关寄存器内嵌在 NVIC 中，所有基于 CM3 内核的单片机都具有系统滴答定时器，这使得软件在 CM3 单片机可以非常容易移植。SysTick 一般用于操作系统产生时基功能，以维持操作系统"心跳"的节律。

6.2.1　工作原理

操作系统和所有使用时基的系统，都必须有一个硬件定时器来产生所需要的"滴答"中断，作为整个系统的时基。滴答中断对操作系统尤其重要。例如，操作系统可以为多个任务许以不同数目的时间片，确保没有一个任务能霸占系统；或者把每个定时器周期的某个时间范围赐予特定的任务等，还有操作系统提供的各种定时功能，都与系统滴答定时器有关。因此，需要一个定时器来产生周期性的中断，而且最好还让用户程序不能随意访问它的寄存器，以维持操作系统"心跳"的节律。

SysTick 是属于 Cortex-M3 内核的组件，是一个 24 位的倒数计数器，即一次最多可以计数 2^{24} 个时钟脉冲。SysTick 是一个倒数计数器，当从某个数倒数到 0 时，将从重装值寄存器中取值作为定时器的初始值，同时可以选择在此时产生中断（异常号：15）。只要不把它在 SysTick 控制及状态寄存器中的使能位清除，就永不停息，即使在睡眠模式下也能继续工作。其原理图如图 6-3 所示。

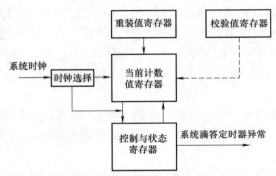

图 6-3　系统滴答定时器原理图

因为所有的 CM3 芯片都带有系统滴答定时器，这使得软件在不同芯片生产厂商的 CM3 器件间的移植工作容易许多。系统滴答定时器的时钟源可以是内部时钟（FCLK，CM3 上的自由运行时钟），也可以是外部时钟（CM3 上的 STCLK 信号）。

6.2.2　使用方法

系统滴答定时器有四个相关的 32 位寄存器，即控制与状态寄存器（STCTRL）、重装值寄存器（STRELOAD）、当前计数值寄存器（STCURR）、校验值寄存器（STCALIB）。ST 公司提供的库函数中，"core_cm3.h"文件中有 SysTick_Type 的结构体如代码 6-1 所示。

代码 6-1　SysTick_Type 结构体

```
1  typedef struct
2  {
3    __IO uint32_tCTRL；              /*!< Offset:0x00 SysTick Control and Status Register */
4    __IO uint32_tLOAD；              /*!< Offset:0x04 SysTick Reload Value Register */
5    __IO uint32_tVAL；               /*!< Offset:0x08 SysTick Current Value Register */
6    __IO uint32_t CALIB；            /*!< Offset:0x0C SysTick Calibration Register */
7  }SysTick_Type；
```

STM32F10x 的 V3.5 版标准库在"core_cm3.h"中还定义了 SysTick_Config 函数，函数代码如代码 6-2 所示。

代码 6-2　SysTick_Config

```
1    static __INLINE uint32_tSysTick_Config( uint32_t ticks)
2    {
3        if ( ticks > SysTick_LOAD_RELOAD_Msk) return (1);
4        SysTick -> LOAD = ( ticks & SysTick_LOAD_RELOAD_Msk) -1;
5        NVIC_SetPriority( SysTick_IRQn,(1 << __NVIC_PRIO_BITS) -1);
6        SysTick -> VAL = 0;
7        SysTick -> CTRL = SysTick_CTRL_CLKSOURCE_Msk|
8                          SysTick_CTRL_TICKINT_Msk|
9                          SysTick_CTRL_ENABLE_Msk;
10       return(0);
11   }
```

从代码 6-2 可知，SysTick_Config 函数用来帮助用户进行 SysTick 配置。用户在使用 SysTick 时直接调用该函数，然后传入 ticks 给重装值寄存器即可，剩下的配置 NVIC 优先级之类的事情 SysTick_Config 函数会自动完成。

另外，SysTick 还有一个中断处理函数在 "stm32f10x_it.c" 文件中，函数名为 SysTick_Handler，把需要处理的代码填入该函数即可。

所以，SysTick 的使用只需要简单的两步：配置 SysTick、写中断函数。具体使用方法见 6.2.3 节的 SysTick 应用案例。

6.2.3　SysTick 应用案例：控制 LED 闪烁

1. 案例目标

本案例与第 2 章中的第一个案例的电路相同，此处只是更改控制 LED 点亮的方式。本案例通过一定的方法实现 LED 的闪烁，每隔特定的时间亮、灭一次。

2. 仿真电路设计

参考第 2 章 2.3.1 节，使用相同的 Proteus 工程，ProteusPro01。

3. 代码实现

在第 2 章的 Keil MDK 工程 Pro01 的基础上创建 Pro04，在 BSP 组中创建 "systick.h" 和 "systick.c" 文件。调用 "Manage Project Items" 对话框将 "systick.c" 文件加入到 BSP 组，并在 "includes.h" 的末尾添加一行代码 "#include "systick.h""。

"systick.h" 文件的代码如代码 6-3 所示，在此文件中声明了一个系统滴答定时器的初始化函数 SysTickInit(void)。

代码 6-3　systick.h

```
1    //Filename:systick.h
2
3    #ifndef _SYSTICK_H
4    #define _SYSTICK_H
5
6    voidSysTickInit( void);
7
8    #endif
9
```

"systick. c" 文件的代码如代码 6-4 所示。

代码 6-4　systick. c

```
1    //Filename:systick. c
2    #include "includes. h"
3
4    voidSysTickInit( void)
5    {
6      SysTick_Config( 80000uL) ;
7    }
8
9    voidSysTick_Handler( void)
10   {
11     static Int08U   i = 0;
12     i ++ ;
13     if( i == 100)
14       LED(1) ;
15
16     if( i == 200)
17       {
18         i = 0;
19         LED(0) ;
20       }
21   }
22
```

代码 6-4 的第 4 ~ 7 行代码，是 SysTickInit 函数的实现，在这里将系统滴答定时器的重装值寄存器的值设置为 80000，因为接下来将会把 Proteus 仿真工程中的 STM32F103R6 的频率设置为 8MHz，所以 80000 次计数所需要的时间是 0.01s，也就是说每隔 0.01s 会产生一次中断，触发 SysTick_Handler 中断服务函数响应一次。第 9 ~ 21 行代码是重写的 SysTick_Handler 的中断服务函数。第 11 行代码定义了一个 static 变量 i，用来记录 SysTick_Handler 被触发的次数，每 0.01s 触发一次也就意味着触发 100 次就是 1s；前 1s 点亮 LED，后 1s 熄灭 LED 并将 i 重新置 0。

因为 STM32 的库函数 "stm32f10x_it. c" 中已经有一个 SysTick_Handler 函数用来响应 SysTick 的中断，所以需要把这个函数注释掉，如代码 6-5 所示。当然，也可以将 SysTick 中断的服务代码写在此处，"systick. c" 文件中就不需要重写 SysTick_Handler 函数了。

代码 6-5　注释 "stm32f10x_it. c" 中的 SysTick_Handler

```
1    / **
2     * @ brief This function handles SysTick Handler.
3     * @ param None
4     * @ retval None
5     */
6    / * voidSysTick_Handler( void)
7    {
8    }
9    */
```

最后，在 main 函数中添加 SysTickInit 函数的调用代码，如代码 6-6 第 13 行所示。重新编译工程生成"Pro04. hex"。

代码 6-6　main. c

```
1    / * Includes --------------------------------------------*/
2    #include" includes. h"
3    / * Private functions ------------------------------*/
4
5    / **
6    @ brief Main program.
7    @ param None
8    @ retval None
9    */
10   int main( void)
11   {
12     LEDInit( );
13     SysTickInit( );
14     LED(0);
15
16     / * Infinite loop */
17     while(1)
18     {
19     }
20   }
21
```

4. 仿真运行结果

打开第 2 章中创建的 Proteus 工程 ProteusPro01，将 STM32F103R6 的 Program File 设置为 Pro04. hex，将 Crystal Frequency 设置为 8M，如图 6-4 所示。

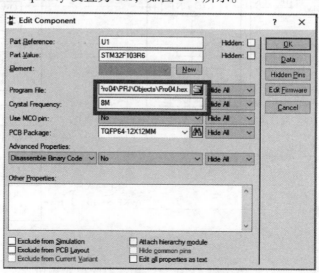

图 6-4　STM32F103R6 属性编辑对话框

设置完成后，单击运行按钮运行仿真工程，LED 会有规律地亮灭。

6.3　实时时钟（RTC）

实时时钟（Real Time Clock，RTC）是一个独立的定时器。RTC 模块拥有一组连续计数的计数器，在相应软件配置下，可提供时钟日历的功能。修改计数器的值可以重新设置系统当前的时间和日期。从严格意义上讲，STM32F103xx 微控制器的 RTC 模块只是一个低功耗的定时器，如果要实现时间和日历功能，必须借助软件，而且编程时还要考虑闰年等日历变化。

6.3.1　工作原理

RTC 模块和时钟配置系统（RCC_BDCR 寄存器）是在后备区域，即在系统复位或从待机模式唤醒后 RTC 的设置和时间维持不变。但是在系统复位后，会自动禁止访问后备寄存器和 RTC，以防止对后备区域（BKP）的意外写操作。所以在要设置时间之前，先要取消后备区域（BKP）写保护。

RTC 由两个主要部分组成（图 6-5），下面进行简单介绍：

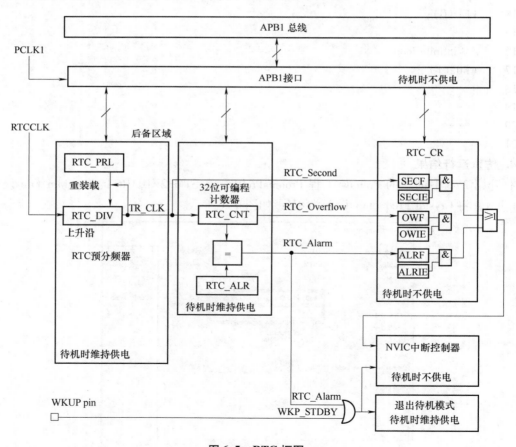

图 6-5　RTC 框图

1）第一部分（APB1 接口）用来和 APB1 总线相连。此单元还包含一组 16 位寄存器，可通过 APB1 总线对其进行读写操作。APB1 接口由 APB1 总线时钟驱动，用来与 APB1 总线连接。

2）另一部分（RTC 核心）由一组可编程计数器组成，分成两个主要模块。第一个模块是 RTC 的预分频模块，它可编程产生 1s 的 RTC 时间基准 TR_CLK。RTC 的预分频模块包含了一个 20 位的可编程分频器（RTC 预分频器）。如果在 RTC_CR 寄存器中设置了相应的允许位，则在每个 TR_CLK 周期中 RTC 产生一个中断（秒中断）。第二个模块是一个 32 位可编程计数器，可被初始化为当前的系统时间，一个 32 位的时钟计数器，按秒钟计算，可以记录 4294967296s，约合 136 年左右，作为一般应用足以。

RTC 相关的寄存器主要有五类：

1）控制寄存器：RTC 总共有两个控制寄存器 RTC_CRH 和 RTC_CRL，两个都是 16 位的。RTC_CRH 只有第［2：0］位有效，第 2 位 OWIE，为 1 允许溢出中断；第 1 位 ALRIE，为 1 允许闹钟中断；第 0 位 SECIE，为允许秒中断。RTC_CRL 只有第［5：0］位有效：第 0 位是秒钟标志位，在进入闹钟中断的时候，通过判断该位来决定是否发生了秒钟中断，然后必须通过软件将该位清零（写 0）；第 1 位是闹钟标志，0 表示无闹钟、1 表示有闹钟；第 2 位是溢出标志，0 表示无溢出、1 表示 32 位可编程计数器有溢出。第 3 位为寄存器同步标志位，在修改控制寄存器 RTC_CRH/CRL 之前，必须先判断该位是否已经同步，如果没有则等待同步，在没同步的情况下修改 RTC_CRH/CRL 的值是不行的；第 4 位为配置标志位，在软件修改 RTC_CNT/RTC_ALR/RTC_PRL 的值的时候，必须先软件置位该位，以允许进入配置模式；第 5 位为 RTC 操作位，该位由硬件操作，软件只读，通过该位可以判断上次对 RTC 寄存器的操作是否完成，如果没有则必须等待上一次操作结束才能开始下一次操作。

2）预分频装载寄存器：该寄存器由两个 16 位寄存器组成，即 RTC_PRLH 和 RTC_PRLL，有效位是 RTC_PRLH［3：0］和 RTC_PRLL［15：0］，有效位一共 20 位。这两个寄存器用来配置 RTC 时钟的分频数，从而使计数器获得所需的时钟频率。根据以下公式定义：

$$f_{\mathrm{TR\_CLK}} = \frac{f_{\mathrm{RTCCLK}}}{\mathrm{PRL}[19:0]+1}$$

其中，$f_{\mathrm{TR\_CLK}}$ 是计数器时钟频率，f_{RTCCLK} 是输入时钟频率。

比如使用外部 32.768kHz 的晶振作为时钟的输入频率，那么要设置这两个寄存器的值为 32767，以得到 1Hz 的计数频率。RTC_PRLH 只有低四位有效，用来存储 PRL 的 19～16 位。而 PRL 的低 16 位，存放在 RTC_PRLL。

3）预分频器余数寄存器：该寄存器也由两个寄存器组成，即 RTC_DIVH 和 RTC_DIVL。这两个寄存器的作用是用来获得比秒钟更为准确的时钟，比如可以得到 0.1s 或者 0.01s 等。该寄存器的值是自减，用于保存还需要多少时钟周期获得一个秒信号。在一次秒钟更新后，由硬件重新装载。

4）计数器寄存器（RTC_CNT）：该寄存器也由两个 16 位的寄存器组成，即 RTC_CNTH 和 RTC_CNTL，总共 32 位，用来记录秒钟值（一般情况下）。注意，在修改该寄存器时要先进入配置模式。

5）闹钟寄存器：该寄存器也由两个 16 位的寄存器组成，即 RTC_ALRH 和 RTC_ALRL，总共 32 位，用来标记闹钟产生的时间（以秒为单位）。如果 RTC_CNT 的值与 RTC_ALR 的值相等，并使能了中断的话，会产生一个闹钟中断。该寄存器的修改也要进入配置模式才能进行。

6.3.2 RTC 配置相关的库函数

ST 公司提供的 STM32F10x 库函数中与 RTC 相关的库函数见表 6-1。

表 6-1 RTC 库函数

函 数 名	功 能
RTC_ITConfig	使能或者失能指定的 RTC 中断
RTC_EnterConfigMode	进入 RTC 配置模式
RTC_ExitConfigMode	退出 RTC 配置模式
RTC_GetCounter	获取 RTC 计数器的值
RTC_SetCounter	设置 RTC 计数器的值
RTC_SetPrescaler	设置 RTC 预分频的值
RTC_SetAlarm	设置 RTC 闹钟的值
RTC_GetDivider	获取 RTC 预分频分频因子的值
RTC_WaitForLastTask	等待最近一次对 RTC 寄存器的写操作完成
RTC_WaitForSynchro	等待 RTC 寄存器（RTC_CNT、RTC_ALR 和 RTC_PRL）与 RTC 的 APB 时钟同步
RTC_GetFlagStatus	检查指定的 RTC 标志位设置与否
RTC_ClearFlag	清除 RTC 的待处理标志位
RTC_GetITStatus	检查指定的 RTC 中断发生与否
RTC_ClearITPendingBit	清除 RTC 的中断待处理位

综合表 6-1 中的函数，RTC 相关的库函数可以分为时钟源操作、参数配置、中断配置、配置模式、同步函数、状态位函数这几类。每个函数的具体用法可以查看相关的库函数说明文档，或者直接查看源码中对应函数的注释。

6.3.3 使用 RTC 的一般步骤

RTC 相关的库函数在文件"stm32f10x_rtc.c"和"stm32f10x_rtc.h"中，BKP 相关的库函数在文件"stm32f10x_bkp.c"和"stm32f10x_bkp.h"中。RTC 正常工作的配置一般分为七个步骤，如下所述：

第一步：使能电源时钟和备份区域时钟。要访问 RTC 和备份区域就必须先使能电源时钟和备份区域时钟。

RCC_APB1PeriphClockCmd（RCC_APB1Periph_PWR|RCC_APB1Periph_BKP，ENABLE）；

第二步：取消备份区域写保护。要向备份区域写入数据，需要先取消备份区域写保护（写保护在每次硬复位之后被使能），否则无法向备份区域写入数据。需要向备份区域写入一个字节来标记时钟已经配置过了，这样避免每次复位之后重新配置时钟。取消备份区域写保护的函数实现方法是：

PWR_BackupAccessCmd(ENABLE)； //使能 RTC 和后备寄存器访问

第三步：复位备份区域，开启外部低速振荡器。在取消备份区域写保护之后，可以先对这个区域复位，以清除前面的设置，当然这个操作不要每次都执行，因为备份区域的复位将导致之前存在的数据丢失，所以是否复位要视情况而定。然后使能外部低速振荡器，注意，这里一般要先判断 RCC_BDCR 的 LSERDY 位来确定低速振荡器已经就绪了才开始下面的操作。备份区域复位的函数是：

BKP_DeInit()；   //复位备份区域

开启外部低速振荡器的函数是：

RCC_LSEConfig(RCC_LSE_ON);   //开启外部低速振荡器

第四步：选择 RTC 时钟并使能。这里将通过 RCC_BDCR 的 RTCSEL 来选择外部 LSI 作为 RTC 的时钟，然后通过 RTCEN 位使能 RTC 时钟。库函数中，选择 RTC 时钟的函数是：

RCC_RTCCLKConfig(RCC_RTCCLKSource_LSE);   //选择 LSE 作为 RTC 时钟

对于 RTC 时钟的选择，还有 RCC_RTCCLKSource_LSI 和 RCC_RTCCLKSource_HSE_Div128 两个。顾名思义，前者为 LSI，后者为 HSE 的 128 分频，这在 6.1.2 节讲解过。使能 RTC 时钟的函数是：

RCC_RTCCLKCmd(ENABLE); //使能 RTC 时钟

第五步：设置 RTC 的分频以及配置 RTC 时钟。在开启 RTC 时钟之后，下一步就是通过 RTC_PRLH 和 RTC_PRLL 来设置 RTC 时钟的分频数，然后等待 RTC 寄存器操作完成并同步之后，设置秒钟中断。然后设置 RTC 的允许配置位（RTC_CRH 的 CNF 位）及设置时间（其实就是设置 RTC_CNTH 和 RTC_CNTL 两个寄存器）。下面一一看下本步骤用到的函数：

在进行 RTC 配置之前首先要打开允许配置位（CNF），函数是：

RTC_EnterConfigMode(); //允许配置

在配置完成之后，务必要更新配置并退出配置模式，函数是：

RTC_ExitConfigMode(); //退出配置模式,更新配置

设置 RTC 时钟分频数，函数是：

RTC_SetPrescaler(uint32_t PrescalerValue);

该函数只有一个入口参数，就是 RTC 时钟的分频数，很容易理解。然后是设置秒中断允许，RTC 使能中断的函数是：

RTC_ITConfig(uint16_t RTC_IT,FunctionalState NewState);

该函数的第一个参数是设置秒中断类型，这是通过宏定义定义的。使能秒中断的函数是：

RTC_ITConfig(RTC_IT_SEC,ENABLE); //使能 RTC 秒中断

下一步便是设置时间了。设置时间实际上就是设置 RTC 的计数值，时间与计数值之间是需要换算的。库函数中设置 RTC 计数值的方法是：void RTC_SetCounter（uint32_t CounterValue），最后在配置完成之后通过该函数直接设置 RTC 计数值。

第六步：更新配置，设置 RTC 中断分组。在设置完时钟之后，在更新配置的同时退出配置模式，这里还是通过 RTC_CRH 的 CNF 来实现。函数是：

RTC_ExitConfigMode(); //退出配置模式,更新配置

在退出配置模式及更新配置之后，在备份区域 BKP_DR1 中写入 0X5050 代表已经初始化过时钟了，下次开机（或复位）的时候，先读取 BKP_DR1 的值，然后判断是否由 0X5050 来决定是否要配置。接着配置 RTC 的秒钟中断，并进行分组。

往备份区域写入用户数据的函数是：

BKP_WriteBackupRegister(uint16_t BKP_DR,uint16_t Data);

该函数的第一个参数就是寄存器的标号，这是通过宏定义定义的。比如要往 BKP_DR1 写入 0X5050，方法是：

BKP_WriteBackupRegister(BKP_DR1,0X5050);

相对应地，读取备份区域指定寄存器的用户数据的函数是：

uint16_t BKP_ReadBackupRegister(uint16_t BKP_DR);

设置中断分组的方法之前已经详细讲解过，调用 NVIC_Init 函数即可，与第 5 章介绍的类似。

第七步：编写中断服务函数。最后要编写中断服务函数 RTC_IRQHandler，在秒钟中断产生的时候，读取当前的时间值并进行一些操作（如把系统时间输出到显示设备上）。

通过以上几个步骤就完成了对 RTC 的配置，并通过秒钟中断来进行时间更新操作。

6.4　看门狗

看门狗（WATCHDOG）在系统中的作用非常重要，相当于系统警察，当系统发生严重错误（如程序进入死循环等）不能恢复的时候，看门狗能够让系统重启。看门狗的应用主要是在嵌入式操作系统中，避免了系统在无人干预时长时间挂起的情况。

STM32F10xxx 内置两个看门狗，提供了更高的安全性、时间精确性和使用灵活性。两个看门狗设备（独立看门狗（IWDG）和窗口看门狗（WWDG））可用来检测和解决由软件错误引起的故障；当计数器达到给定的超时值时，触发一个中断（仅适用于窗口看门狗）或产生系统复位。

6.4.1　独立看门狗

独立看门狗（IWDG）由内部专用的低速 40kHz 的时钟（LSI）驱动，即使主时钟发生故障它也仍然有效。这里需要注意，独立看门狗的时钟是一个内部 RC 振荡器时钟，并不是准确的 40kHz 的时钟，而是在 $30 \sim 60 \mathrm{kHz}$ 之间的一个可变化的时钟，只是在估算时，以 40kHz 的频率来计算，所以 IWDG 的时钟是有一些偏差的。IWDG 适用于那些需要看门狗作为一个在主程序之外、能够完全独立工作并且对时间精度要求较低的场合。

IWDG 有三个特性：①自由运行的递减计数器；②时钟由独立的 RC 振荡器提供（可在停止和待机模式下工作）；③看门狗被激活后，则在计数器计数至 0x000 时产生复位。独立看门狗框图如图 6-6 所示。

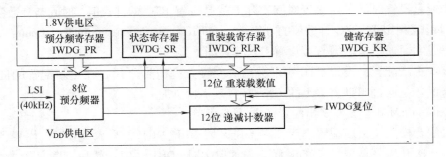

图 6-6　独立看门狗框图

在键值寄存器（IWDG_KR）中写入 0xCCCC，开始启用独立看门狗；此时计数器开始从其复位值 0xFFF 递减计数；当计数器计数至末尾 0x000 时，会产生一个复位信号（IWDG_RESET）；无论何时，只要在键值寄存器（IWDG_KR）中写入 0xAAAA，重装载寄存器（IWDG_RLR）中的值就会被重新加载到计数器，从而避免产生看门狗复位。也就是说只要按时喂狗，IWDG 就不会产生复位。

预分频寄存器（IWDG_PR）和重装载寄存器（IWDG_RLR）具有写保护功能。要修改这两个寄存器的值，必须先向 IWDG_KR 中写入 0X5555。将其他值写入该寄存器将会打乱操作顺序，寄存器将重新被保护。重装载操作（即写入 0XAAAA）也会启动写保护功能。

只要对以上三个寄存器进行相应的设置，就可以启动 STM32 的 IWDG，相关的库函数和定义分布在文件"stm32f10x_iwdg.h"和"stm32f10x_iwdg.c"中。IWDG 的启动过程可以按如下步骤实现：

第一步：取消寄存器写保护（向 IWDG_KR 写入 0X5555）。

通过这一步取消 IWDG_PR 和 IWDG_RLR 的写保护，后面可以操作这两个寄存器，设置 IWDG_PR 和 IWDG_RLR 的值。这在库函数中的实现函数是：

IWDG_WriteAccessCmd(IWDG_WriteAccess_Enable);

第二步：设置独立看门狗的预分频系数和重装载值。

设置独立看门狗的预分频系数的函数是：

void IWDG_SetPrescaler(uint8_t IWDG_Prescaler);　//设置 IWDG 预分频值

设置独立看门狗的重装载值的函数是：

void IWDG_SetReload(uint16_t Reload);　//设置 IWDG 重装载值

设置好独立看门狗的预分频系数 prer 和重装载值 rlr 就可以知道独立看门狗的喂狗时间（也就是独立看门狗溢出时间），该时间的计算方式为：

$$T_{\mathrm{out}} = \frac{4 \times 2^{\mathrm{prer}} \times \mathrm{rlr}}{40}$$

上式中 T_{out} 为独立看门狗溢出时间（单位为 ms）；prer 为独立看门狗时钟预分频值（IWDG_PR 值），范围为 0~7；rlr 为独立看门狗的重装载值（IWDG_RLR 的值）。

比如设定 prer 的值为 4，rlr 的值为 625，那么就可以得到 $T_{\mathrm{out}} = 64 \times 625/40 = 1000\mathrm{ms}$，这样独立看门狗的溢出时间就是 1s，只要在一秒钟之内，有一次写入 0XAAAA 到 IWDG_KR，就不会导致独立看门狗复位（当然写入多次也是可以的）。这里需要注意的是，独立看门狗的时钟不是准确的 40kHz，所以喂狗的时间最好提前一些。

第三步：重载计数值喂狗（向 IWDG_KR 写入 0XAAAA）。

库函数里面重载计数值的函数是：

IWDG_ReloadCounter();　//按照 IWDG 重装载寄存器的值重装载 IWDG 计数器

该函数将使 STM32 重新加载 IWDG_RLR 的值到独立看门狗计数器里面，即实现独立看门狗的喂狗操作。

第四步：启动独立看门狗（向 IWDG_KR 写入 0XCCCC）。

库函数里面启动独立看门狗的函数是：

IWDG_Enable();　//使能 IWDG

通过该函数来启动 STM32 的独立看门狗。注意，IWDG 一旦启用，就不能再被关闭。想要关闭只能重启，并且重启之后不能打开 IWDG，否则问题依然存在，所以如果不用 IWDG 就不要打开。

下面通过一个例子来演示使用标准库函数开启 IWDG 并按时喂狗的实现方法，如代码 6-7 所示。此段代码中，只是简单地开启 IWDG 然后按时喂狗，并没有进行实质性的操作。

代码 6-7　IWDG 使用示例

```
1   voidIWDG_Init(u8 prer,u16 rlr)
2   {
3       IWDG_WriteAccessCmd(IWDG_WriteAccess_Enable);/*使能对寄存器 IWDG_PR 和
                                                           IWDG_RLR 的写操作*/
4       IWDG_SetPrescaler(prer);/*设置 IWDG 预分频值*/
```

```
 5        IWDG_SetReload(rlr);      /*设置 IWDG 重装载值*/
 6        IWDG_ReloadCounter();/*按照 IWDG 重装载寄存器的值重装载 IWDG 计数器*/
 7        IWDG_Enable();            /*使能 IWDG*/
 8    }
 9
10    voidIWDG_Feed(void)
11    {
12        IWDG_ReloadCounter();/*reload*/
13    }
14
15    void main(void)
16    {
17        NVIC_Configuration();        //优先级配置
18        IWDG_Init(4,625);            //初始化 IWDG,溢出时间:64 * 625/40 = 1000ms = 1s
19        while(1)
20        {
21           delay_ms(500);            //0.5s 喂一次狗
22           IWDG_Feed();              //喂狗
23        }
24    }
```

6.4.2 窗口看门狗

窗口看门狗（WWDG）通常被用来监测由外部干扰或不可预见的逻辑条件造成的应用程序背离正常的运行序列而产生的软件故障。其工作原理示意图如图 6-7 所示，除非递减计数器的值在 T6 位（WWDG_CR 的第六位）变成 0 前被刷新，窗口看门狗电路在达到预置的时间周期时，会产生一个 MCU 复位。在递减计数器达到窗口寄存器数值之前，如果 7 位的递减计数器数值（WWDG_CFR）被刷新，那么也将产生一个 MCU 复位。这表明递减计数器需要在一个有限的时间窗口中被刷新，因此被称为窗口看门狗。

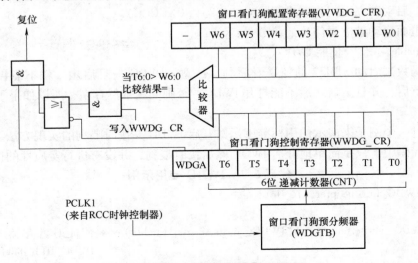

图 6-7　窗口看门狗工作原理示意图

WWDG 的递减计数和刷新的关系可以通过如图 6-8 所示的时序图说明，T［6：0］是WWDG_CR 的低七位，W［6：0］是 WWDG_CFR 的低七位。T［6：0］就是窗口看门狗的计数器，而 W［6：0］则是窗口看门狗的上窗口，下窗口值是固定的（0X40）。当窗口看门狗的计数器在上窗口值之外被刷新，或者低于下窗口值都会产生复位。上窗口值（W［6：0］）是由用户自己设定的，即根据实际要求来设计窗口值，但要确保窗口值大于 0X40，否则窗口就不存在了。

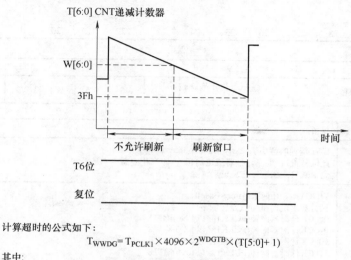

计算超时的公式如下：

$$T_{WWDG}= T_{PCLK1}\times 4096\times 2^{WDGTB}\times(T[5:0]+1)$$

其中：

T_{WWDG}：WWDG超时时间，单位为ms

T_{PCLK1}：APB1以ms为单位的时钟间隔

图 6-8 窗口看门狗时序图

WWDG 相关的寄存器有三个：控制寄存器（WWDG_CR）、配置寄存器（WWDG_CFR）、状态寄存器（WWDG_SR）。

如图 6-9 所示，控制寄存器（WWDG_CR）只有低八位有效，T［6：0］用来存储窗口看门狗的计数器值，随时更新，每隔 PCLK1 周期（4096×2^{WDGTB}）减 1。当该计数器的值从 0X40变为 0X3F 时，将产生窗口看门狗复位。WDGA 位则是窗口看门狗的激活位，该位由软件置 1，以启动窗口看门狗，并且一定要注意的是该位一旦设置，就只能由硬件在复位后清 0。

31	30	29	28	27	26	25	24	23	22	21	20	19	18	17	16
保留															

15	14	13	12	11	10	9	8	7	6	5	4	3	2	1	0
保留								WDGA	T6	T5	T4	T3	T2	T1	T0
								rs	rw	rw	rw	rw	rw	rw	rw

位31:8	保留
位7	WDGA:激活位(Activation bit) 此位由软件置1，但仅能由硬件在复位后清0。当WDGA=1时，窗口看门狗可以产生复位 0:禁止窗口看门狗 1:启用窗口看门狗
位6:0	T[6:0]: 7位计数器(MSB至LSB) (7-bit Counter) 这些位用来存储窗口看门狗的计数器值。每(4096x2^WDGTB)个PCLK1 周期减1 当计数器值从40h变为3Fh时(T6变成0)，产生窗口看门狗复位

图 6-9 控制寄存器（WWDG_CR）

如图 6-10 所示的配置寄存器（WWDG_CFR），EWI 是提前唤醒中断，也就是在快要产生复位的前一段时间来提醒需要喂狗了，否则将复位。一般用该位来设置中断，当窗口看门狗的计数器值减到 0X40 时，如果该位设置并开启了中断，则会产生中断，可以在中断里面向WWDG_CR 重新写入计数器的值，来达到喂狗的目的。注意，这里在进入中断后，要在不大于 113μs 的时间（PCLK1 为 36MHz 的条件下）内重新写 WWDG_CR，否则窗口看门狗将产生复位。

31	30	29	28	27	26	25	24	23	22	21	20	19	18	17	16
保留															

15	14	13	12	11	10	9	8	7	6	5	4	3	2	1	0
保留						EWI	WDG TB1	WDG TB0	W6	W5	W4	W3	W2	W1	W0
						rs	rw	rw	rw	rw	rw	rw	rw	rw	rw

位31:10	保留
位9	EWI:提前唤醒中断(Early Wakeup Interrupt) 此位若置1，则当计数器值达到40h，即产生中断 此中断只能由硬件在复位后清除
位8:7	WDGTB[1:0]:时基(Timer Base) 预分频器的时基可以设置如下: 00: CK计时器时钟(PCLK1除以4096)除以1 01: CK计时器时钟(PCLK1除以4096)除以2 10: CK计时器时钟(PCLK1除以4096)除以4 11: CK计时器时钟(PCLK1除以4096)除以8
位6:0	W[6:0]: 7位窗口值(7-bit Window Value) 这些位包含了用来与递减计数器进行比较用的窗口值

图 6-10　配置寄存器（WWDG_CFR）

图 6-11 所示为状态寄存器（WWDG_SR），该寄存器用来记录当前是否有提前唤醒中断标志。该寄存器仅位 0 有效，其他都是保留位。当计数器值达到 40h 时，此位由硬件置 1。它必须通过软件写 0 来清除（中断服务程序中），写 1 无效。若中断未被使能，此位也会被置 1。

31	30	29	28	27	26	25	24	23	22	21	20	19	18	17	16
保留															

15	14	13	12	11	10	9	8	7	6	5	4	3	2	1	0
保留															EWIF
															rc w0

位31:1	保留
位0	EWIF:提前唤醒中断标志(Early Wakeup Interrupt Flag) 当计数器值达到40h时，此位由硬件置1。它必须通过软件写0来清除，写1无效 若中断未被使能，此位也会被置1

图 6-11　状态寄存器（WWDG_SR）

ST 公司提供的标准库函数中有使用中断方式来喂狗的方法，WWDG 库函数相关源码和定义在文件"stm32f10x_wwdg. c"和头文件"stm32f10x_wwdg. h"中。WWDG 使用步骤如下：

第一步：使能 WWDG 时钟，WWDG 使用的是 PCLK1 的时钟，需要先使能时钟。方法是：
RCC_APB1PeriphClockCmd（RCC_APB1Periph_WWDG,ENABLE）;　//使能 WWDG 时钟

第二步：设置窗口值和分频数。设置窗口值的函数是：

void WWDG_SetWindowValue(uint8_t WindowValue) ;

该函数只有一个参数，即窗口值。

设置分频数的函数是：

void WWDG_SetPrescaler(uint32_t WWDG_Prescaler) ;

该函数同样只有一个参数，即分频值。

第三步：开启 WWDG 中断并分组。开启 WWDG 中断的函数为：

WWDG_EnableIT( ) ; //开启窗口看门狗中断

接下来使用 NVIC_Init( ) 函数进行中断优先级配置。

第四步：设置计数器初始值并使能窗口看门狗。这一步在库函数里面是通过一个函数实现的：

void WWDG_Enable(uint8_t Counter) ;

该函数既设置了计数器初始值，同时使能了窗口看门狗。

第五步：编写中断服务函数。在最后，还要编写窗口看门狗的中断服务函数，通过该函数来喂狗，喂狗要及时，否则当窗口看门狗计数器值减到 0X3F 时，就会引起软复位。在中断服务函数里还要将状态寄存器的 EWIF 位清空。

完成以上五个步骤之后，就可以使用 STM32 的窗口看门狗了。

WWDG 使用示例代码如代码 6-8 所示。

代码 6-8　WWDG 使用示例

```
1    static u8 WWDG_CNT = 0x7f;  / * 保存 WWDG 计数器的设置值,默认为最大 * /
2
3    / **
4     * 初始化窗口看门狗
5     * tr:T[6:0],计数器值
6     * wr:W[6:0],窗口值
7     * fprer:分频系数(WDGTB),仅最低 2 位有效
8     * Fwwdg = PCLK1/(4096 * 2^fprer)
9     * /
10   void WWDG_Init( u8 tr,u8 wr,u32 fprer)
11   {
12       RCC_APB1PeriphClockCmd( RCC_APB1Periph_WWDG,ENABLE) ;  / * 使能 WWDG 时钟 * /
13       WWDG_SetPrescaler( fprer) ;                              / * 设置 IWDG 预分频值 * /
14       WWDG_SetWindowValue( wr) ;                               / * 设置窗口值 * /
15       WWDG_CNT = tr&WWDG_CNT;                                  / * 初始化 WWDG_CNT * /
16       WWDG_Enable( WWDG_CNT) ;             / * 使能窗口看门狗,设置 counter * /
17       WWDG_ClearFlag( ) ;                  / * 清除提前唤醒中断标志位 * /
18       WWDG_NVIC_Init( ) ;                  / * 初始化窗口看门狗 NVIC * /
19       WWDG_EnableIT( ) ;                   / * 开启窗口看门狗中断 * /
20   }
21
22   / **
23    * 窗口看门狗中断服务程序
24    * /
25   void WWDG_NVIC_Init( void)
```

```
26  {
27      NVIC_InitTypeDef NVIC_InitStructure;
28      NVIC_InitStructure. NVIC_IRQChannel = WWDG_IRQn;      /* WWDG 中断 */
29      /* 抢占 2,子优先级 3 */
30      NVIC_InitStructure. NVIC_IRQChannelPreemptionPriority = 2;
31      NVIC_InitStructure. NVIC_IRQChannelSubPriority = 3;
32      NVIC_Init( &NVIC_InitStructure );   /* NVIC 初始化 */
33  }
34
35  /**
36   * 重设置 WWDG 计数器的值
37   */
38  void WWDG_Set_Counter( u8 cnt )
39  {
40      WWDG_Enable( cnt );/* 使能窗口看门狗,设置 counter */
41  }
42
43  /**
44   * 窗口看门狗中断服务程序
45   */
46  void WWDG_IRQHandler( void )
47  {
48      WWDG_Set_Counter( WWDG_CNT );
49      WWDG_ClearFlag( );        /* 清除提前唤醒中断标志位 */
50      LED1 = ~ LED1;            /* LED 状态翻转 */
51  }
```

一般工程都会使用两个看门狗:一个是独立看门狗,主要用于在代码跑飞之后复位使用;一个是窗口看门狗,主要用于在复位前对一些重要数据进行保存。

6.4.3 独立看门狗和窗口看门狗的区别

STM32 的独立看门狗、窗口看门狗的目标都是为了防止 MCU 进入死循环,代码执行超时(或者外部触发)导致没法喂狗就会产生复位,喂狗的具体时间可以设定。

独立看门狗和窗口看门狗有以下几点不同:

1)计数所用的时钟源不同。独立看门狗由内部专门的 40kHz 低速时钟驱动,窗口看门狗使用 PCLK1 的时钟,窗口看门狗在使用之前需要先使能时钟,而独立看门狗不需要使能时钟操作。

2)独立看门狗超时直接复位,没有中断;窗口看门狗有中断,超时可以在中断做复位前的函数操作或重新喂狗。

3)独立看门狗一般用于避免程序跑飞或死循环;窗口看门狗用于避免程序不按预定逻辑执行,比如先于理想环境完成或后于极限时间超时。

4)计数方式不同。独立看门狗是 12 位递减的;而窗口看门狗的寄存器低 8 位有效,是 6 位递减的。

5)超时复位时间范围不同。独立看门狗的计数器值(tr)< IWDG 重装载值时进行喂狗;

窗口看门狗的计数器值（tr）在 0X40 和窗口值（wr）之间时进行喂狗。

6.5 定时器 TIM1 ~ TIM8

除了系统滴答定时器、实时时钟、看门狗之外，STM32 定时器还包括基本定时器、通用定时器和高级定时器。下面进行简单介绍。

6.5.1 基本定时器

基本定时器 TIM6 和 TIM7 各包含一个 16 位自动装载计数器，由各自的可编程预分频器驱动。它们可以为通用定时器提供时间基准，特别地，可以为数/模转换器（DAC）提供时钟。实际上，它们在芯片内部直接连接到 DAC 并通过触发输出直接驱动 DAC。这两个定时器是互相独立的，并不共享资源。

基本定时器 TIM6 和 TIM7 内部结构如图 6-12 所示。主要功能包括：

1）16 位自动重装载累加计数器；

2）16 位可编程（可实时修改）预分频器，用于对输入的时钟按系数为 1 ~ 65536 之间的任意数值分频；

3）触发 DAC 的同步电路；

4）在更新事件（计数器溢出）时产生中断/DMA 请求。

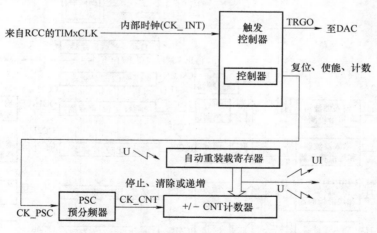

图 6-12 基本定时器 TIM6 和 TIM7 内部结构

6.5.2 通用定时器

通用定时器是由一个可编程预分频器驱动的 16 位自动装载计数器构成的，它适用于多种场合，包括测量输入信号的脉冲长度（输入捕获）或者产生输出波形（输出比较和 PWM）。使用定时器预分频器和 RCC 时钟控制器预分频器，脉冲长度和波形周期可以在几个微秒到几个毫秒间调整。通用定时器之间是完全独立的，没有互相共享任何资源，它们可以一起同步操作。

通用定时器（TIM2、TIM3、TIM4 和 TIM5）主要功能包括：

1）具有自动装载功能的 16 位递增/递减计数器，内部时钟 CK_CNT 的来源 TIMxCLT 来自 APB1 预分频器的输出。

2）16 位可编程（可实时修改）预分频器，计数器时钟频率的分频系数为 1～65536 之间的任意数值。

3）四个独立通道，即输入捕获、输出比较、PWM 生成、单脉冲模式输出。

4）使用外部信号控制定时器和定时器互连的同步电路。

5）在四类事件发生时会产生中断/DMA 请求：①更新：计数器向上溢出/向下溢出，计数器初始化（通过软件或者内部/外部触发）；②触发事件（计数器启动、停止、初始化或者由内部/外部触发计数）；③输入捕获；④输出比较。

6）支持针对定位的增量（正交）编码器和霍尔传感器电路。

7）触发输入作为外部时钟或者按周期的电流管理。通用定时器 TIM2～TIM5 内部结构如图 6-13 所示。

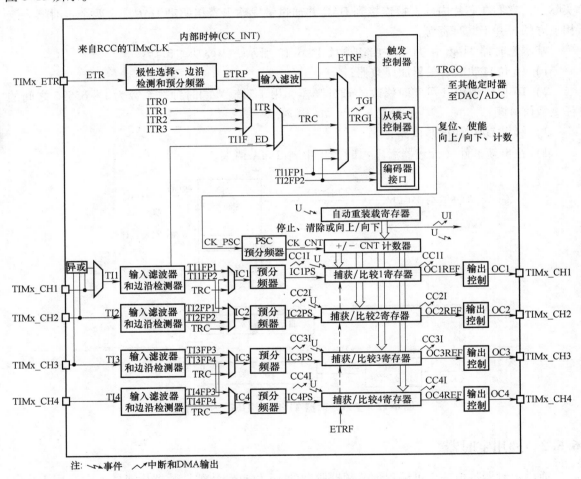

图 6-13　通用定时器 TIM2～TIM5 内部结构

6.5.3　高级定时器

高级定时器 TIM1 和 TIM8 由一个 16 位的自动装载计数器组成，由一个可编程的预分频器驱动。它适用于多种场合，包括测量输入信号的脉冲宽度（输入捕获）或者产生输出波形（输出比较、PWM、嵌入死区时间的互补 PWM 等）。使用定时器预分频器和 RCC 时钟控制器预分频器，可以实现脉冲宽度和波形周期从几个微秒到几个毫秒的调节。高级定时器 TIM1 和 TIM8 和通用定时器 TIMx 是完全独立的，不共享任何资源，可以同步操作。

STM32F103 高级定时器的内部结构比基本定时器、通用定时器更复杂，如图 6-14 所示。与通用定时器相比，高级定时器多了 BRK 和 DTG 两个结构，因而具有死区时间的控制功能。通常大功率电动机、变频器等，末端都是由大功率管、IGBT 等元器件组成的 H 桥或三相桥。每个桥的上半桥、下半桥不能同时导通，但高速的 PWM 驱动信号在达到功率元器件的控制极时，往往会由于各种各样的原因产生延迟的效果，造成某个半桥元器件在应该关断时没有关断，造成功率元器件烧毁。死区就是在上半桥关断后，延迟一段时间再打开下半桥；或在下半桥关断后，延迟一段时间再打开上半桥，从而避免功率元器件烧毁。这段延迟时间就是死区（即上、下半桥的元器件都是关断的），死区时间控制在通常的低端单片机所配备的 PWM 中是没有的。PWM 的上下桥臂的三极管是不能同时导通的，如果同时导通，电源两端就会短路，所以两路触发信号要在一段时间内都是使三极管断开。因此高级定时器通常用于电动机控制。

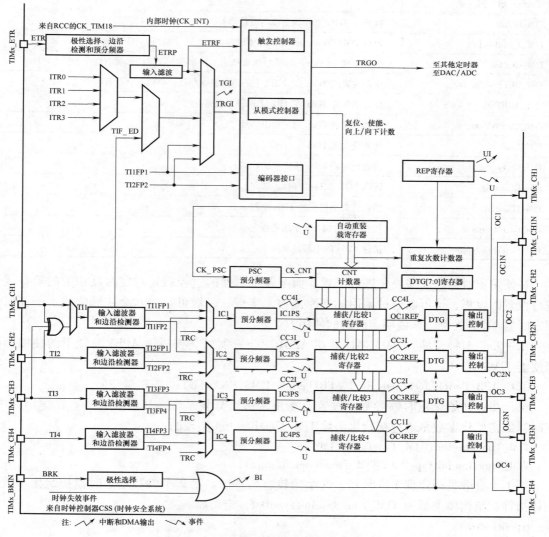

图 6-14 高级定时器 TIM1 和 TIM8 内部结构

高级定时器除了具备通用定时器的功能外，还具备以下主要功能：

1）具有自动装载的 16 位递增/递减计数器，其内部时钟 CK_CNT 的来源 TIMxCLT 来自 APB2 预分频器的输出。

2）死区时间可编程的互补输出。

3）刹车输入信号可以将高级定时器输出信号置于复位状态或已知状态。

6.5.4 定时器操作方法

标准外设库中，定时器相关的结构体、宏、库函数声明存放在文件"stm32f10x_tim. h"中，库函数实现的源码存放在文件"stm32f10x_tim. c"中。

STM32 定时器相关的库函数主要由两部分构成：定时器的初始化、定时器中断服务函数。TIMx 常用库函数见表 6-2。

表 6-2　TIMx 常用库函数

函 数 名	功 能
TIM_DeInit	将外设 TIMx 寄存器重设为默认值
TIM_TimeBaseInit	根据 TIM_TimeBaseInitStruct 中的参数初始化 TIMx 的时间基数单位
TIM_OC1Init	根据 TIM_OCInitStruct 的值设置通道 1 的参数，类似的函数有四个
TIM_OC1PreloadConfig	使能或失能 TIMx 在 CCR1 上的预装载寄存器，类似的函数有四个
TIM_ARRPreloadConfig	使能或失能 TIMx 在 ARR 上的预装载寄存器
TIM_CtrlPWMOutputs	使能或失能 TIMx 的主输出信号
TIM_Cmd	使能或失能 TIMx
TIM_GetFlagStatus	检查指定的 TIMx 标志位的状态
TIM_ClearFlag	清除 TIMx 的待处理标志位
TIM_ITConfig	使能或失能指定的 TIMx 中断
TIM_GetITStatus	检查指定的 TIMx 中断是否发生
TIM_GetITPendingBit	清除 TIMx 的中断挂起位

在使用定时器之前需要先进行配置，而配置定时器的过程就是对定时器相关的寄存器值进行设置的过程，这可以通过调用标准库函数来实现，一般可以分六个步骤完成。下面以通用定时器 TIM3 为例，来说明定时器的使用方法。

第一步：时钟使能。TIM3 是挂载在 APB1 之下，所以需要通过 APB1 总线下的使能函数来使能 TIM3。

RCC_APB1PeriphClockCmd(RCC_APB1Periph_TIM3,ENABLE)；　//时钟使能

第二步：初始化定时器参数，设置自动重装值、分频系数、计数方式等。在库函数中，定时器的初始化参数是通过初始化函数 TIM_TimeBaseInit 实现的：

TIM_TimeBaseInit(TIM_TypeDef * TIMx,

TIM_TimeBaseInitTypeDef * TIM_TimeBaseInitStruct)；

第 1 个参数是确定哪个定时器，这个比较容易理解。第 2 个参数是定时器初始化参数结构体指针，结构体类型为 TIM_TimeBaseInitTypeDef，定义如下：

typedef struct

{

```
    uint16_t TIM_Prescaler;
    uint16_t TIM_CounterMode;
    uint16_t TIM_Period;
    uint16_t TIM_ClockDivision;
    uint8_t TIM_RepetitionCounter;
} TIM_TimeBaseInitTypeDef;
```

这个结构体一共有五个成员变量，对于通用定时器只有前面四个参数有用，第 5 个参数 TIM_RepetitionCounter 是给高级定时器使用的。第 1 个参数 TIM_Prescaler 用来设置分频系数；第 2 个参数 TIM_CounterMode 用来设置计数方式，可以设置为向上计数方式、向下计数方式或中央对齐计数方式，比较常用的是向上计数方式 TIM_CounterMode_Up 和向下计数方式 TIM_CounterMode_Down；第 3 个参数 TIM_Period 用来设置自动重载计数周期值；第 4 个参数 TIM_ClockDivision 用来设置时钟分频因子。

针对 TIM3，初始化范例代码如下：

```
TIM_TimeBaseInitTypeDef TIM_TimeBaseStructure;
TIM_TimeBaseStructure. TIM_Period = 5000;
TIM_TimeBaseStructure. TIM_Prescaler = 7199;
TIM_TimeBaseStructure. TIM_ClockDivision = TIM_CKD_DIV1;
TIM_TimeBaseStructure. TIM_CounterMode = TIM_CounterMode_Up;
TIM_TimeBaseInit( TIM3 ,&TIM_TimeBaseStructure);
```

第三步：设置 TIM3 允许更新中断。在库函数里，定时器中断使能是通过 TIM_ITConfig 函数来实现的：

```
void TIM_ITConfig( TIM_TypeDef * TIMx , uint16_t TIM_IT , FunctionalState NewState)
```

第 1 个参数 TIMx 用来选择定时器号，取值为 TIM1 ~ TIM17；第 2 个参数 TIM_IT 非常关键，用来指明使能的定时器中断的类型，定时器中断的类型有很多种，包括更新中断 TIM_IT_Update、触发中断 TIM_IT_Trigger 以及输入捕获中断等；第 3 个参数用来决定失能还是使能。

例如，要使能 TIM3 的更新中断，格式为：

```
TIM_ITConfig( TIM3 , TIM_IT_Update , ENABLE );
```

第四步：TIM3 中断优先级设置。在定时器中断使能之后，要产生中断必不可少的是要设置 NVIC 相关寄存器，设置中断优先级。与之前使用 NVIC_Init 函数实现中断优先级的方法相同。

第五步：使能 TIM3。在配置完后要开启定时器，通过 TIM3_CR1 的 CEN 位来设置。在固件库中，可通过 TIM_Cmd 函数来实现：

```
void TIM_Cmd( TIM_TypeDef * TIMx , FunctionalState NewState)
```

使能 TIM3 的方法为：

```
TIM_Cmd( TIM3 , ENABLE);
```

第六步：编写中断服务函数。在最后，还要编写定时器中断服务函数，通过该函数来处理定时器产生的相关中断。在中断产生后，通过状态寄存器的值来判断此次产生的中断属于何类型。然后执行相关的操作，这里使用的是更新（溢出）中断，所以在状态寄存器 SR 的最低位。在处理完中断之后应向 TIM3_SR 的最低位写 0，来清除该中断标志。在固件库函数里面，用来读取中断状态寄存器的值判断中断类型的函数是：

ITStatus TIM_GetITStatus(TIM_TypeDef * TIMx, uint16_t TIM_IT)

该函数的作用是判断定时器 TIMx 的中断类型 TIM_IT 是否发生中断。判断 TIM3 是否发生更新（溢出）中断，方法为：

if(TIM_GetITStatus(TIM3, TIM_IT_Update) ! = RESET)｛｝

固件库中清除中断标志位的函数是：

void TIM_ClearITPendingBit(TIM_TypeDef * TIMx, uint16_t TIM_IT)

该函数的作用是清除定时器 TIMx 的中断 TIM_IT 标志位。在 TIM3 的溢出中断发生后，要清除中断标志位，方法是：

TIM_ClearITPendingBit(TIM3, TIM_IT_Update) ;

注意，固件库还提供了两个函数用来判断定时器状态以及清除定时器状态标志位，分别是 TIM_GetFlagStatus 和 TIM_ClearFlag，它们的作用和前面两个函数的作用类似。只是在 TIM_GetITStatus 函数中会先判断这种中断是否使能，使能了才去判断中断标志位，而 TIM_GetFlagStatus 函数直接用来判断状态标志位。

通过以上六个步骤，就可以使用通用定时器的更新中断实现间隔一段时间对某种状态或者事件的处理。

在 6.6 节中将介绍如何使用定时器的 PWM 输出来实现一个呼吸灯的效果。

6.6　定时器应用案例：利用 PWM 实现一个呼吸灯

PWM 能使电源的输出电压在工作条件变化时保持恒定，是利用数字信号对模拟电路进行控制的一种非常有效的技术。本案例使用定时器在 GPIO 输出一个 PWM 信号，通过调整 PWM 的占空比来控制 LED 灯的明亮程度，实现一个呼吸灯的效果。

6.6.1　PWM 简介

脉冲宽度调制（Pulse Width Modulation，PWM）简称脉宽调制，是利用微处理器的数字输出来对模拟电路进行控制的一种非常有效的技术。通俗地讲，就是在一个周期内控制高电平多长时间、低电平多长时间（STM32 的 I/O 端口对应的两种输出状态：1 和 0）。也就是说，通过调节高低电平时间的变化来调节信号、能量等的变化。

PWM 波形图如图 6-15 所示，周期为 10ms，即 100Hz。采用 PWM 的方式，在固定的频率（100Hz，人眼不能分辨）下，采用占空比的方式可以实现对 LED 亮度变化的控制。占空比为 0，LED 灯不亮；占空比为 100%，则 LED 灯最亮。将占空比从 0 到 100%，再从 100% 到 0 不断变化，就可以实现 LED 灯从灭慢慢变到最亮，再从最亮慢慢变到灭，实现呼吸灯的特效。如果 LED 的另一端接电源则相反，即占空比为 0，LED 最亮。

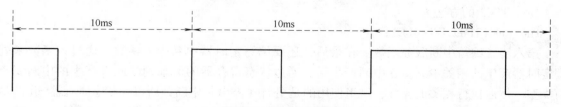

图 6-15　PWM 波形图

6.6.2 案例目标

使用通用定时器产生 PWM 脉冲，通过调整占空比实现两个目标：

1）连接到 STM32F103R6 上的 LED 亮度从暗到亮、再从亮到暗，依次循环，实现呼吸灯效果。

2）用数字示波器查看 PWM 的波形图。

6.6.3 仿真电路设计

除了高级定时器，STM32F103xx 的通用定时器也可以产生 PWM 输出。使用通用定时器中的 TIM3 产生 PWM，本案例使用 TIM3 的 CH2 来产生 PWM，通过查看 STM32 的数据手册，可知 TIM3_CH2 没有重映像的时候在 PA7，如图 6-16 所示。

脚位					引脚名称	类型	I/O 电平	主功能 （复位后）	默认的其他功能
BGA100	LQFP48	LQFP64	LQFP100	VFQFPN36					
G3	14	20	29	11	PA4	I/O		PA4	SPI1_ NSS (6)/USART2 _CK (6) /ADC12_ IN4
H3	15	21	30	12	PA5	I/O		PA5	SPI1_ SCK(6)/ ADC12_IN5
J3	16	22	31	13	PA6	I/O		PA6	SPI1_ MISO(6)/ADC12 IN6/TIM3 CH1(6)
K3	17	23	32	14	PA7	I/O		PA7	SPI1_ MOSI (6)/ADC12 _IN7/TIM3_ CH2 (6)

图 6-16 引脚定义

新建 Proteus 工程 "ProteusPro05"。重新设计 Proteus 的电路，如图 6-17 所示。其中，LED 连接到 PA7 口，同时将 PA 的信号连接到数字示波器的 A 通道。

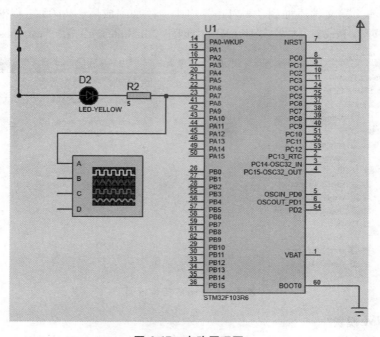

图 6-17 电路原理图

图 6-17 中的数字示波器，需要在 Proteus 左侧的工具栏中单击仪表的图标，然后在列表中选择数字示波器（OSCILLOSCOPE），即可从 Proteus 中调出数字示波器，如图 6-18 所示。

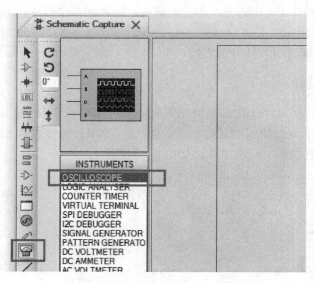

图 6-18　Proteus 中选择数字示波器

6.6.4　代码实现

在 MDK 模板工程的基础上新建 MDK 工程 Pro05，按照以下步骤完成工程创建：

1. 构建工程框架

在 Pro05 的 BSP 目录新建两个文件："pwm.h" 和 "pwm.c"。通过 "Manage Project Items" 对话框将 "pwm.c" 添加到工程的 "BSP" 组中，在标准库中选择 "stm32f10x_tim.c" 和 "stm32f10x_rcc.c" 文件添加到 "FWLib" 组中。添加完成后，Pro05 工程框架如图 6-19 所示。当然，还需要像 Pro02 一样在 "USER" 中创建 "includes.h" 和 "vartypes.h"。

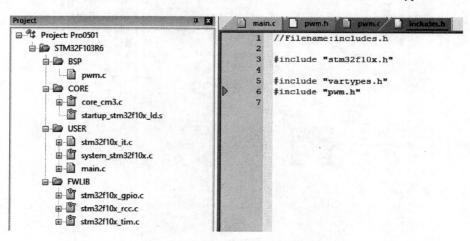

图 6-19　Pro05 工程框架

2. 编辑 PWM 模块

在 "pwm.h" 中添加三个函数，如代码 6-9 所示。头文件中声明了三个函数：RCC_Configuration、GPIO_Configuration、TIM3_Configuration，分别用来开启外设的 APB 时钟、初始化 I/O 端口复用、初始化 TIM3 的 PWM 设置。

代码 6-9　pwm. h 代码

```
1    //filename:pwm. h
2    #ifndef _PWM_H
3    #define _PWM_H
4
5    #include "includes. h"
6
7    void RCC_Configuration(void);
8    void GPIO_Configuration(void);
9    void TIM3_Configuration(Int16U arr,Int16U psc);
10
11   #endif
12
```

在"pwm. c"中添加上面三个函数的实现。RCC_Configuration 函数如代码 6-10 所示。因为需要在 Proteus 中仿真，所以在第 7 行开启 TIM1 的 APB2 时钟；第 8 行开启 TIM3 的 APB1 时钟；第 9～10 行开启 GPIOA 的端口复用时钟。

代码 6-10　pwm. c 之 RCC_Configuration 函数

```
1    //filename:pwm. c
2    #include "includes. h"
3
4    void RCC_Configuration(void)
5    {
6        SystemInit( );
7        RCC_APB2PeriphClockCmd(RCC_APB2Periph_TIM1,ENABLE);
8        RCC_APB1PeriphClockCmd(RCC_APB1Periph_TIM3,ENABLE);
9        RCC_APB2PeriphClockCmd(RCC_APB2Periph_AFIO,ENABLE);
10       RCC_APB2PeriphClockCmd(RCC_APB2Periph_GPIOA,ENABLE);
11   }
```

函数 GPIO_Configuration 对 PA7 端口进行配置，如代码 6-11 所示。第 6 行将 PA7 的 Mode 设置为 GPIO_Mode_AF_PP，意思是将 PA7 端口设置给片上外设用，此处是给 TIM3 的 CH2 使用，用来输出 PWM。

代码 6-11　pwm. c 之 GPIO_Configuration 函数

```
1    void GPIO_Configuration(void)
2    {
3        GPIO_InitTypeDef GPIO_InitStructure;
4        GPIO_InitStructure. GPIO_Pin = GPIO_Pin_7;
5        GPIO_InitStructure. GPIO_Speed = GPIO_Speed_50MHz;
6        GPIO_InitStructure. GPIO_Mode = GPIO_Mode_AF_PP;
7        GPIO_Init(GPIOA,&GPIO_InitStructure);
8    }
```

代码 6-12 中的函数 TIM3_Configuration 对 TIM3 进行配置。函数首先定义了两个结构体变量：TIM_TimeBaseInitTypeDef 是 TIM 初始化的基本结构体变量，该结构体变量用来指定定时器配置的基本参数，比如重载计数器周期、预分频值（第 8 ~ 12 行）等，除了 TIM6、TIM7 其他定时器都可以使用；TIM_OCInitTypeDef 是定时器比较输出初始化结构体变量，该结构体变量用来设置 TIM 的脉冲宽度调制模式 TIM_OCMode、输出使能 TIM_OutputState（决定信号是否通过外部引脚输出）、比较输出极性 TIM_OCPolarity（决定定时器通道有效电平的极性），代码第 14 ~ 18 行。

代码 6-12　pwm. c 之 TIM3_Configuration 函数

```
1    void TIM3_Configuration(Int16U arr,Int16U psc)
2    {
3        TIM_TimeBaseInitTypeDef TIM_TimeBaseStruct;
4        TIM_OCInitTypeDef TIM_OCInitStructure;
5
6        GPIO_PinRemapConfig(GPIO_PartialRemap_TIM3,ENABLE);
7
8        TIM_TimeBaseStruct. TIM_Period = arr;
9        TIM_TimeBaseStruct. TIM_Prescaler = psc;
10       TIM_TimeBaseStruct. TIM_ClockDivision = 0;
11       TIM_TimeBaseStruct. TIM_CounterMode = TIM_CounterMode_Up;
12       TIM_TimeBaseInit(TIM3,&TIM_TimeBaseStruct);
13
14       TIM_OCInitStructure. TIM_OCMode = TIM_OCMode_PWM1;
15       TIM_OCInitStructure. TIM_OutputState = TIM_OutputState_Enable;
16       TIM_OCInitStructure. TIM_OCPolarity = TIM_OCPolarity_High;
17       TIM_OC2Init(TIM3,&TIM_OCInitStructure);
18       TIM_OC2PreloadConfig(TIM3,TIM_OCPreload_Enable);
19       TIM_Cmd(TIM3,ENABLE);
20   }
```

3. 编辑 main 函数

在 main 函数中调用 PWM 的三个初始化模块，配置 APB 时钟、初始化端口、初始化 TIM3（第 9 ~ 11 行），如代码 6-13 所示。在随后的 while 循环中，调用 TIM_SetCompare2 函数改变 TIM3→CRR2 寄存器的值，即可改变 PWM 输出的占空比。因为参数 led_dt 会从 0 ~ 2000 间逐渐改变，所以 PWM 的占空比会从 0 逐渐变为 1，再从 1 逐渐变为 0，对应着 LED 从亮到暗、再从暗到亮，模拟呼吸灯的状态。

代码 6-13　main. c 代码

```
1    //filename:main. c
2    #include" includes. h"
3    int main(void)
4    {
5        u32 arr = 1999;
6        u16 led_dt = 0;
7        u8 dir = 1;
8
```

```
9       RCC_Configuration();
10      GPIO_Configuration();
11      TIM3_Configuration(arr,0);
12
13      while(1)
14      {
15          if(dir)led_dt++;
16          else led_dt--;
17          if(led_dt>2000)dir=0;
18          if(led_dt<=0)dir=0;
19          TIM_SetCompare2(TIM3,led_dt);
20      }
21  }
```

6.6.5 仿真运行结果

完成编译链接之后，将生成的 Pro05.hex 文件载入之前建立的 Proteus 工程 ProteusPro05 中。

单击运行后，效果如图 6-20 所示。从数字示波器中可以看出，PA7 输出的 PWM 脉冲，PWM 的占空比在发生渐变，LED 的亮度也会发生变化。

119

注意，如果不小心点了数字示波器的关闭按钮，想重新再显示数字示波器窗口的话，需要保持 Proteus 的运行状态，然后单击上面的"Debug"菜单，选择最下一个"Digital Oscilloscope"即可。

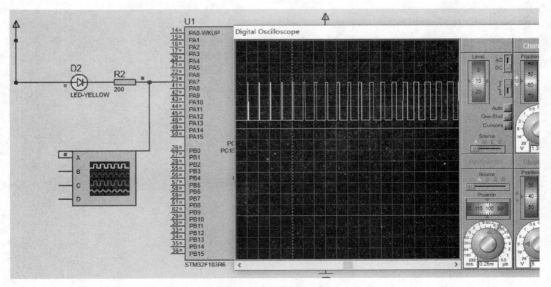

图 6-20　案例仿真效果图

6.7 小结

本章主要内容为 STM32F1 系列芯片的定时器。在一般可编程定时器/计数器原理的基础上，介绍了 STM32 的系统滴答定时器、实时时钟、看门狗、定时器 TIM1 ~ TIM8。

本章给出了两个应用案例：SysTick 控制 LED 闪烁、PWM 控制模拟呼吸灯的效果。当需要使用可编程微控制器输出一个信号来控制模拟元器件时，PWM 就会被派上用场，最常见的是使用 PWM 信号对直流电动机的控制。

6.8　习题

1. 简述可编程计数器的工作原理。
2. STM32F10x 系列芯片的时钟源有哪些？
3. 简述 STM32 系统滴答定时器（SysTick）的原理。
4. 简述系统滴答定时器（SysTick）的使用流程。
5. 简述独立看门狗、窗口看门狗的异同点，并说明它们分别适用于什么情况。
6. 简述 STM32 定时器的一般操作步骤是怎样的？
7. 嵌入式开发中，PWM 常被用来做什么控制？

第 **7** 章 直接存储器存取（DMA）

121

本章目标

- 理解 DMA 的概念
- 了解 DMA 的执行过程
- 掌握 STM32F103 的 DMA 的内部结构和寄存器
- 掌握 STM32F103 的 DMA 的软件编程方法

直接存储器存取（Direct Memory Access，DMA），其作用是无需经过 CPU 而进行数据传输。根据 ST 公司提供的相关信息，DMA 是 STM32 中一个独立于 Cortex-M3 内核的模块，有点类似于 ADC、PWM、TIMER 等模块，主要功能是通信"桥梁"的作用，可以将所有外设映射的寄存器连接起来，这样就可以高速访问寄存器，其传输不受 CPU 的支配，并且传输还是双向的。

通俗来说就是 DMA 相当于 CPU 的一个"秘书"，它的作用是帮助 CPU 减轻负担。具体来讲就是帮助 CPU 转移数据，比如希望外设 A 的数据复制到外设 B，只要给两种外设提供一条数据通路，再加上一些控制转移的部件就可以完成数据的复制。DMA 就是基于以上设想设计的，其作用是解决因大量数据转移而过度消耗 CPU 资源的问题。有了 DMA 这个"秘书"，CPU 能专注于更加实用的操作、计算、控制等。本章将介绍 DMA 的工作原理、STM32 的DMA 内部结构和软件编程方法，最后给出一个 STM32F103 的 DMA 的应用案例。

7.1 DMA 概述

DMA 用来提供外设与存储器之间、存储器与存储器之间的高速数据传输，无须 CPU 干预，数据可以通过 DMA 快速传输，以节省 CPU 的资源来进行其他操作。现在越来越多的单片机采用 DMA 技术，提供外设与存储器之间的高速数据传输。如 CPU 的初始化这个传输动作，传输动作本身是由 DMA 控制器来实行和完成。

在发生一个事件后，外设发送一个请求信号到 DMA 控制器，DMA 控制器根据通道的优先权处理请求。当 DMA 控制器开始访问外设时，DMA 控制器立即发送给外设一个应答信号；当从 DMA 控制器得到应答信号时，外设立即释放它的请求；一旦外设释放了这个请求，DMA 控制器同时撤销应答信号。如果发生更多的请求时，外设可以启动下次处理。

DMA 控制器和 Cortex-M3 核共享系统数据总线执行直接存储器数据传输。当 CPU 和 DMA 同时访问相同的目标（RAM 或外设）时，DMA 请求可能会停止 CPU 访问系统总线达若干个周期，总线仲裁器执行循环调度，以保证 CPU 至少可以得到一半的系统总线（存储器或外设）带宽。

  STM32 有两个 DMA 控制器，共十二个通道：DMA1 有七个通道，DMA2 有五个通道（其中 DMA2 仅存在于大容量产品中）。每个通道可管理来自于一个或多个外设对存储器访问的请求，由一个仲裁器协调各个 DMA 请求的优先权。DMA 功能框图如图 7-1 所示。

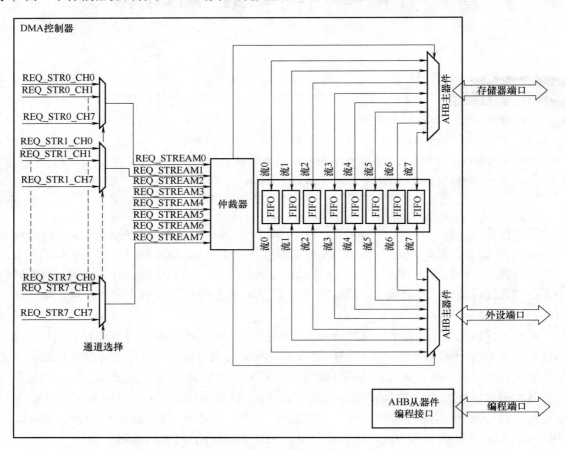

图 7-1 DMA 功能框图

  DMA 主要特性有：①七个独立的可配置的通道（请求）；②每个通道都直接连接专用的硬件 DMA 请求，每个通道都同样支持软件触发，这些功能通过软件来配置；③七个请求间的优先权可以通过软件编程设置（共有四级：最高、高、中等和低），假如在相等优先权时由硬件决定（请求 0 优先于请求 1，依此类推）；④独立的源和目标数据区的传输宽度（字节、半字、全字），模拟打包和拆包的过程；⑤支持循环的缓冲器管理；⑥每个通道都有三个事件标志（DMA 半传输、DMA 传输完成和 DMA 传输出错），这三个事件标志逻辑或成为一个单独的中断请求；⑦支持存储器与存储器之间、外设与存储器之间、存储器与外设之间的传输；⑧闪存、SRAM、外设的 SRAM、APB1 和 APB2 外设均可作为访问的源和目标；⑨可编程的数据传输数目最大为 65536。

7.2 DMA 功能描述

1. DMA 传送

每个 DMA 传送由三个操作组成：

1）从外设数据寄存器或者从 DMA_CMARx 寄存器指定地址的存储器单元执行加载操作。

2）存数据到外设数据寄存器或者存数据到 DMA_CMARx 寄存器指定地址的存储器单元。

3）执行一次 DMA_CNDTRx 寄存器的递减操作，该寄存器包含未完成的操作数目。

2. 仲裁器

图 7-1 中的仲裁器根据通道请求的优先级来启动外设/存储器的访问。仲裁优先权管理分软件和硬件两个阶段：

1）软件：每个通道的优先权可以在 DMA_CCRx 寄存器中设置，有四个等级：最高优先级、高优先级、中等优先级、低优先级。

2）硬件：如果两个请求有相同的软件优先级，则拥有较低编号的通道比拥有较高编号的通道有较高的优先权。例如，同等软件优先级下，通道 2 优先于通道 4。

3. DMA 通道

每个通道都可以在有固定地址的外设寄存器和存储器地址之间执行 DMA 传输。DMA 传输的数据量是可编程的，最大达到 65536，包含要传输的数据项数量的寄存器，在每次传输后递减。

4. 可编程的数据

外设和存储器的传输数据量可以通过 DMA_CCRx 寄存器中的 PSIZE 和 MSIZE 位编程。

5. 指针增量

通过设置 DMA_CCRx 寄存器中 PINC 和 MINC 标志位，外设和存储器的指针在每次传输后可以有选择地完成自动增量。当设置为增量模式时，下一个要传输的地址将是前一个地址加上增量值，增量值取决于所选的数据宽度为 1、2 或 4。第一个传输的地址存放在 DMA_CPARx/DMA_CMARx 寄存器中。

通道配置为非循环模式时，在传输结束后（即传输数据量变为 0）将不再产生 DMA 操作。

6. DMA 通道 x 的配置过程

DMA 通道 x（代表通道号）的配置过程一般分为六步：

第一步：在 DMA_CPARx 寄存器中设置外设寄存器的地址。当发生外设数据传输请求时，该地址将是数据传输的源或目标。

第二步：在 DMA_CMARx 寄存器中设置数据存储器的地址。当发生外设数据传输请求时，传输的数据将从该地址读出或写入该地址。

第三步：在 DMA_CNDTRx 寄存器中设置要传输的数据量。在每个数据传输后，该数值递减。

第四步：在 DMA_CCRx 寄存器的 PL［1：0］位中设置通道的优先级。

第五步：在 DMA_CCRx 寄存器中设置数据传输的方向、循环模式、外设和存储器的增量模式、外设和存储器的数据宽度、传输一半产生中断或传输完成产生中断。

第六步：设置 DMA_CCRx 寄存器的 ENABLE 位，启动该通道。

一旦启动了 DMA 通道，它即可响应连到该通道上的外设的 DMA 请求。

当传输一半的数据后，半传输标志（HTIF）被置 1；当设置了允许半传输中断位（HTIE）时，将产生一个中断请求。在数据传输结束后，传输完成标志（TCIF）被置 1；当设置了允许传输完成中断位（TCIE）时，将产生一个中断请求。

7. 循环模式

循环模式用于处理循环缓冲区和连续的数据传输（如 ADC 的扫描模式）。DMA_CCRx 寄存器中的 CIRC 位用于开启这一功能。当启动了循环模式，数据传输的数目变为 0 时，将会自动恢复为配置通道时设置的初值，DMA 操作将会继续进行。

8. 存储器到存储器模式

DMA 通道的操作可以在没有外设请求的情况下进行，这种操作就是存储器到存储器模式。

当设置了 DMA_CCRx 寄存器中的 MEM2MEM 位之后，在软件设置了 DMA_CCRx 寄存器中的 EN 位启动 DMA 通道时，DMA 传输将马上开始。当 DMA_CNDTRx 寄存器变为 0 时，DMA 传输结束。存储器到存储器模式不能与循环模式同时使用。

9. 错误管理

在 DMA 读写操作时一旦发生总线错误，硬件会自动地清除发生错误的通道所对应的通道配置寄存器（DMA_CCRx）的 EN 位，该通道操作被停止。此时，在 DMA_IFT 寄存器中对应该通道的传输错误中断标志位（TEIF）将被置位，如果在 DMA_CCRx 寄存器中设置了传输错误中断允许位，则将产生中断。

10. 通道选择

从外设（TIMx、ADC、SPIx、I2Cx 和 USARTx）产生的七个请求，通过逻辑或输入到 DMA 控制器，这意味着同时只能有一个请求有效，如图 7-2 所示。图中，每个数据流都与一个 DMA 请求相关联，此 DMA 请求可以从八个可能的通道请求中选出。此选择由 DMA_SxCR 寄存器中的 CHSEL [2：0] 位控制。

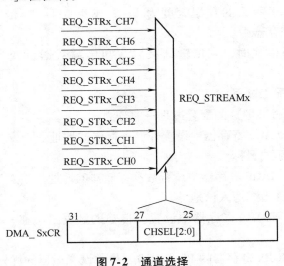

图 7-2　通道选择

来自外设的八个请求（TIM、ADC、SPI、I²C 等）独立连接到每个通道，具体的连接取决于产品的实际情况。

7.3 DMA 寄存器

使用 DMA 时需要对其参数进行配置，主要包括通道地址、优先级、数据传输方向、存储器/外设数据宽度、存储器/外设地址是否增量、循环模式、数据传输量、中断等。而所有这些参数都是通过更改相应的寄存器的值来配置的。

1. DMA 中断状态寄存器（DMA_ISR）

如果开启了 DMA_ISR 中的中断，在达到条件后就会跳到中断服务函数中，即使未开启，也可通过查询这些位来获得当前 DMA 传输的状态。TCIFx 是通道 DMA 传输完成与否的标志。DMA_ISR 为只读寄存器，所以在这些位被置位后，只能通过其他的操作来清除。DMA 中断状态寄存器如图 7-3 所示。

偏移地址：0x00

复位值：0x0000 0000

31	30	29	28	27	26	25	24	23	22	21	20	19	18	17	16
\multicolumn{4}{c}{保留}	TEIF7	HTIF7	TCIF7	GIF7	TEIF6	HTIF6	TCIF6	GIF6	TEIF5	HTIF5	TCIF5	GIF5
				r	r	r	r	r	r	r	r	r	r	r	r

15	14	13	12	11	10	9	8	7	6	5	4	3	2	1	0
TEIF4	HTIF4	TCIF4	GIF4	TEIF3	HTIF3	TCIF3	GIF3	TEIF2	HTIF2	TCIF2	GIF2	TEIF1	HTIF1	TCIF1	GIF1
r	r	r	r	r	r	r	r	r	r	r	r	r	r	r	r

图 7-3 DMA 中断状态寄存器

DMA 可以在传输过半、传输完成、传输错误时产生中断，而对这些中断判断都是通过查询中断状态寄存器实现的，见表 7-1。

表 7-1 DMA 中断状态寄存器各位含义

位 编 号	含 义
位 31：28	保留，始终读为 0
位 27、23、19、15、11、7、3	TEIFx：通道 x 的传输错误标志（x = 1，…，7），硬件设置这些位。在 DMA_IFCR 寄存器的相应位写入 1 可以清除这里对应的标志位 0：在通道 x 没有传输错误（TE） 1：在通道 x 发生传输错误（TE）
位 26、22、18、14、10、6、2	HTIFx：通道 x 的半传输标志（x = 1，…，7），硬件设置这些位。在 DMA_IFCR 寄存器的相应位写入 1 可以清除这里对应的标志位 0：在通道 x 没有半传输事件（HT） 1：在通道 x 产生半传输事件（HT）
位 25、21、17、13、9、5、1	TCIFx：通道 x 的传输完成标志（x = 1，…，7），硬件设置这些位。在 DMA_IFCR 寄存器的相应位写入 1 可以清除这里对应的标志位 0：在通道 x 没有传输完成事件（TC） 1：在通道 x 产生传输完成事件（TC）
位 24、20、16、12、8、4、0	GIFx：通道 x 的全局中断标志（x = 1，…，7），硬件设置这些位。在 DMA_IFCR 寄存器的相应位写入 1 可以清除这里对应的标志位 0：在通道 x 没有 TE、HT 或 TC 事件 1：在通道 x 产生 TE、HT 或 TC 事件

125

2. DMA 中断标志清除寄存器（DMA_IFCR）

DMA_IFCR 的各位是用来清除 DMA_ISR 的对应位，通过写 0 清除。DMA_ISR 被置位后，必须通过向该寄存器对应位写入 0 来清除。DMA 中断标志清除寄存器如图 7-4 所示。

偏移地址：0x04

复位值：0x0000 0000

31	30	29	28	27	26	25	24	23	22	21	20	19	18	17	16
保留				CTEIF 7	CHTIF 7	CTCIF 7	CGIF 7	CTEIF 6	CHTIF 6	CTCIF 6	CGIF 6	CTEIF 5	CHTIF 5	CTCIF 5	CGIF 5
				rw	rw	rw	rw	rw	rw	rw	rw	rw	rw	rw	rw

15	14	13	12	11	10	9	8	7	6	5	4	3	2	1	0
CTEIF 4	CHTIF 4	CTCIF 4	CGIF 4	CTEIF 3	CHTIF 3	CTCIF 3	CGIF 3	CTEIF 2	CHTIF 2	CTCIF 2	CGIF 2	CTEIF 1	CHTIF 1	CTCIF 1	CGIF 1
rw	rw	rw	rw	rw	rw	rw	rw	rw	rw	rw	rw	rw	rw	rw	rw

图 7-4　DMA 中断标志清除寄存器

表 7-2 为 DMA 中断标志清除寄存器（DMA_IFCR）各位的含义。

表 7-2　DMA 中断标志清除寄存器各位的含义

位　编　号	含　　义
位 31：28	保留，始终读为 0
位 27、23、19、15、11、7、3	CTEIFx：清除通道 x 的传输错误标志（x＝1，…，7），这些位由软件设置和清除 0：不起作用 1：清除 DMA_ISR 寄存器中的对应 TEIF 标志
位 26、22、18、14、10、6、2	CHTIFx：清除通道 x 的半传输标志（x＝1，…，7），这些位由软件设置和清除 0：不起作用 1：清除 DMA_ISR 寄存器中的对应 HTIF 标志
位 25、21、17、13、9、5、1	CTCIFx：清除通道 x 的传输完成标志（x＝1，…，7），这些位由软件设置和清除 0：不起作用 1：清除 DMA_ISR 寄存器中的对应 TCIF 标志
位 24、20、16、12、8、4、0	CGIFx：清除通道 x 的全局中断标志（x＝1，…，7），这些位由软件设置和清除 0：不起作用 1：清除 DMA_ISR 寄存器中的对应的 GIF、TEIF、HTIF 和 TCIF 标志

3. DMA 通道 x 配置寄存器（DMA_CCRx）（x＝1，…，7）

DMA_CCRx 控制着 DMA 的很多信息，包括数据宽度、外设及寄存器的宽度、通道优先级、增量模式、传输方向、中断允许、使能等都是通过该寄存器来设置的。DMA_CCRx 是 DMA 传输的核心控制寄存器，如图 7-5 所示。其各位的具体说明见表 7-3。

偏移地址：0x08＋20dx 通道信号

复位值：0x0000 0000

31	30	29	28	27	26	25	24	23	22	21	20	19	18	17	16
保留															

15	14	13	12	11	10	9	8	7	6	5	4	3	2	1	0
保留	MEM2MEM	PL[1:0]		MSIZE[1:0]		PSIZE[1:0]		MINC	PINC	CIRC	DIR	TEIE	HTIE	TCIE	EN
	rw	rw	rw	rw	rw	rw	rw	rw	rw	rw	rw	rw	rw	rw	rw

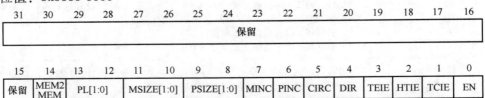

图 7-5　DMA 通道 x 配置寄存器

表 7-3 DMA 通道 x 配置寄存器各位的含义

位 编 号	含 义
位 31：15	保留，始终读为 0
位 14	MEM2MEM：存储器到存储器模式，该位由软件设置和清除 0：非存储器到存储器模式 1：启动存储器到存储器模式
位 13：12	PL［1：0］：通道优先级，这些位由软件设置和清除 00：低 01：中 10：高 11：最高
位 11：10	MSIZE［1：0］：存储器数据宽度，这些位由软件设置和清除 00：8 位 01：16 位 10：32 位 11：保留
位 9：8	PSIZE［1：0］：外设数据宽度，这些位由软件设置和清除 00：8 位 01：16 位 10：32 位 11：保留
位 7	MINC：存储器地址增量模式，该位由软件设置和清除 0：不执行存储器地址增量操作 1：执行存储器地址增量操作
位 6	PINC：外设地址增量模式，该位由软件设置和清除 0：不执行外设地址增量操作 1：执行外设地址增量操作
位 5	CIRC：循环模式，该位由软件设置和清除 0：不执行循环操作 1：执行循环操作
位 4	DIR：数据传输方向，该位由软件设置和清除 0：从外设读 1：从存储器读
位 3	TEIE：允许传输错误中断，该位由软件设置和清除 0：禁止 TE 中断 1：允许 TE 中断
位 2	HTIE：允许半传输中断，该位由软件设置和清除 0：禁止 HT 中断 1：允许 HT 中断

（续）

位 编 号	含 义
位 1	TCIE：允许传输完成中断，该位由软件设置和清除 0：禁止 TC 中断 1：允许 TC 中断
位 0	EN：通道开启，该位由软件设置和清除 0：通道不工作 1：通道开启

4. DMA 通道 x 传输数量寄存器（DMA_CNDTRx）（x = 1，…，7）

DMA_CNOTRx 控制 DMA 通道 x 的每次所要传输的数量，其范围为 0 ~ 65535。该寄存器的值会随着传输的进行而减少，当该寄存器的值为 0 时，表示此次数据传输已结束。因此可通过该寄存器的值了解当前 DMA 传输的进度，见表 7-4。

偏移地址：0x0C + 20d x 通道编号

复位值：0x0000 0000

表 7-4　DMA 通道 x 传输数量寄存器各位的含义

位 编 号	含 义
位 31：16	保留，始终读为 0
位 15：0	NDT [15：0]：数据传输数量，其范围为 0 ~ 65535。该寄存器只能在通道不工作（DMA_CCRx 的 EN = 0）时写入。通道开启后，该寄存器变为只读，指示剩余的待传输的字节数目。该寄存器的内容在每次 DMA 传输后递减 数据传输结束后，该寄存器的内容或者变为 0；或者当该通道配置为自动重加载模式时，该寄存器的内容将被自动重新加载为之前配置时的数值 当寄存器的内容为 0 时，无论通道是否开启，都不会发生任何数据传输

5. DMA 通道 x 外设地址寄存器（DMA_CPARx）（x = 1，…，7）

DMA_CPARx 用来存储 STM32 外设地址，若使用串口 1，则该寄存器必须写入 0x40013804（即 &USART1_DR）。若使用其他外设，就修改成相应外设地址，见表 7-5。

偏移地址：0x10 + 20dx 通道编号

复位值：0x0000 0000

表 7-5　DMA 通道 x 外设地址寄存器各位的含义

位 编 号	含 义
位 31：0	PA [31：0]：外设地址 外设数据寄存器的基地址，作为数据传输的源或目标

6. DMA 通道 x 存储器地址寄存器（DMA_CMARx）（x = 1，…，7）

DMA_CMARx 和 DMA_CPARx 类似，用来存放存储器的地址，见表 7-6。如使用 SendBuff [5200] 数组来作存储器，则在 DMA_CMARx 中写入 &SendBuff 即可。

偏移地址：0x14 + 20dx 通道编号

复位值：0x0000 0000

表 7-6　DMA 通道 x 存储器地址寄存器各位的含义

位　编　号	含　义
位 31：0	MA［31：0］：存储器地址 存储器地址作为数据传输的源或目标

7.4　DMA 相关配置库函数

1. 初始化函数

一个初始化函数为：

void DMA_Init（DMA_Channel_TypeDef ＊ DMAy_Channelx，DMA_InitTypeDef ＊ DMA_InitStruct）；

初始化函数的作用：初始化 DMA 通道外设寄存器地址、数据存储器地址、数据传输的方向、传输的数据量、外设和存储器的增量模式、外设和存储器的数据宽度、是否开启循环模式。此函数的第二个参数 DMA_InitTypeDef 是结构体指针，DMA 通道配置的很多参数都藏在这里面。

2. 使能函数

两个使能函数为：

void DMA_Cmd（DMA_Channel_TypeDef ＊ DMAy_Channelx，FunctionalState NewState）；

void DMA_ITConfig（DMA_Channel_TypeDef ＊ DMAy_Channelx，uint32_t DMA_IT，FunctionalState NewState）；

两个使能函数的作用：前者使能 DMA 通道；后者使能 DMA 通道中断。

3. 传输数据量函数

两个传输数据量函数为：

void DMA_SetCurrDataCounter（DMA_Channel_TypeDef ＊ DMAy_Channelx，uint16_t DataNumber）；

uint16_t DMA_GetCurrDataCounter（DMA_Channel_TypeDef ＊ DMAy_Channelx）；

两个传输数据量函数的作用：前者设置 DMA 通道的传输数据量（DMA 处于关闭状态）；后者获取当前 DMA 通道传输剩余数据量（DMA 处于开启状态）。

4. 状态位函数

四个状态位函数为：

FlagStatus DMA_GetFlagStatus（uint32_t DMAy_FLAG）；

void DMA_ClearFlag（uint32_t DMAy_FLAG）；

ITStatus DMA_GetITStatus（uint32_t DMAy_IT）；

void DMA_ClearITPendingBit（uint32_t DMAy_IT）；

状态位函数的作用：获取 DMA 通道的各种状态位，并能清除这些状态位。

5. 外设 DMA 使能函数

八个外设 DMA 使能函数为：

void USART_DMACmd（USART_TypeDef ＊ USARTx，uint16_t USART_DMAReq，FunctionalState New-State）；

void ADC_DMACmd（ADC_TypeDef ＊ ADCx，FunctionalState NewState）；

void DAC_DMACmd（uint32_t DAC_Channel，FunctionalState NewState）；

void I2C_DMACmd（I2C_TypeDef ＊ I2Cx，FunctionalState NewState）；

void SDIO_DMACmd（FunctionalState NewState）；

void SPI_I2S_DMACmd（SPI_TypeDef ＊ SPIx，uint16_t SPI_I2S_DMAReq，FunctionalState NewState）；

void TIM_DMAConfig（TIM_TypeDef＊TIMx，uint16_t TIM_DMABase，uint16_t TIM_DMABurstLength）；

void TIM_DMACmd（TIM_TypeDef＊TIMx，uint16_t TIM_DMASource，FunctionalState NewState）；

外设 DMA 使能函数的作用：用于使能外设的 DMA 通道。

7.5　应用案例：DMA 传输

7.5.1　案例目标

利用外部按键 KEY1 来控制 DMA 的传送，每按一次 KEY1，DMA 就传送一次数据到 US-ART1（串口 1），然后串口将数据输出到 PC 端显示出来。LED 灯 D1 作为程序运行的指示灯。

7.5.2　仿真电路设计

打开 Proteus，创建工程的仿真工程"ProteusPro06"。将电路连接为如图 7-6 所示。

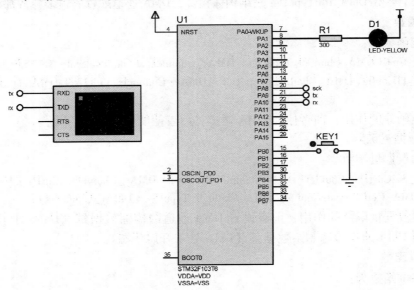

图 7-6　Proteus 仿真工程原理图

7.5.3　代码实现

在第 5 章案例的基础上将 Keil MDK 工程名称 Pro03 更改为 Pro06。载入工程 Pro06. uvprojx，打开 Options for Target"STM32F103R6"属性设置，将 Output 下面的 Name of Executable 设置为 Pro06. hex。

由于只用到 D1 和 KEY1，需要对原来的"led. c"和"key. c"两个文件进行修改，分别如代码 7-1 和代码 7-2 所示。

代码 7-1　led. c

```
1    #include "includes. h"
2
3    voidLEDInit（void）
4    {
```

```
5      GPIO_InitTypeDef g;
6      RCC_APB2PeriphClockCmd(RCC_APB2Periph_GPIOA,ENABLE);
7
8      g. GPIO_Pin = GPIO_Pin_1;
9      g. GPIO_Mode = GPIO_Mode_Out_PP;
10     g. GPIO_Speed = GPIO_Speed_10MHz;
11     GPIO_Init(GPIOA,&g);
12   }
13
14   void LED(Int08UledNO,Int08U ledState)
15   {
16     switch(ledNO)
17     {
18       case 1:
19         if(ledState == LED_OFF)
20         {
21           GPIO_SetBits(GPIOA,GPIO_Pin_1);
22         }else
23         {
24           GPIO_ResetBits(GPIOA,GPIO_Pin_1);
25         }
26       break;
27       default:
28         break;
29     }
30   }
```

从代码 7-1 看出，由于只用到 D1，所以把 D2 的相关代码删除。

代码 7-2　key. c

```
1    //Filename:key. c
2
3    #include "includes. h"
4
5    void KeyInit()
6    {
7      GPIO_InitTypeDef g;
8      RCC_APB2PeriphClockCmd(RCC_APB2Periph_GPIOB,ENABLE);
9
10     g. GPIO_Pin = GPIO_Pin_0;
11     g. GPIO_Mode = GPIO_Mode_IPU;
12     GPIO_Init(GPIOB,&g);
13
14     GPIO_SetBits(GPIOB,GPIO_Pin_0);
15   }
16
```

从代码7-2看出，由于只用到 KEY1，所以把 KEY2 的相关初始化代码删除。

在"BSP"目录下新建"dma. h""dma. c""usart. h""usart. c"。单击 📇，使用"Manage Project Items"对话框将"dma. c"和"usart. c"两个新建的文件添加到"BSP"组中。另外，在"FWLib"组中添加"stm32f10x_usart. c"和"stm32f10x_dma. c"文件（在 STM32F10x_FWLib/src 文件夹下面）。完成后，工程目录如图7-7所示。在"includes. h"文件中添加"usart. h"和"dma. h"头文件。

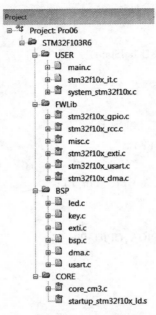

图 7-7 Pro06 工程目录

接下来修改"exti. c"文件，打开"exti. c"，修改如代码7-3所示。

代码7-3   exti. c

```
1    //Filename:exti. c
2
3    #include "includes. h"
4    //全局变量
5    Int08U KEY1 =0;//按键按下标志位,1 表示 KEY1 按键按下,0 表示没有
6    voidEXTIKeyInit( void)
7    {
8        EXTI_InitTypeDef Exti_InitStructure;
9
10       KeyInit( );
11
12       RCC_APB2PeriphClockCmd( RCC_APB2Periph_AFIO ,ENABLE) ;
13
14       GPIO_EXTILineConfig( GPIO_PortSourceGPIOB ,GPIO_PinSource0) ;
15       Exti_InitStructure. EXTI_Line = EXTI_Line0 ;
16       Exti_InitStructure. EXTI_Mode = EXTI_Mode_Interrupt ;
17       Exti_InitStructure. EXTI_Trigger = EXTI_Trigger_Falling ;
```

```
18        Exti_InitStructure. EXTI_LineCmd = ENABLE;
19        Exti_Init(&EXTI_InitStructure);
20
21        NVIC_EnableIRQ(EXTI0_IRQn);
22        NVIC_SetPriority(EXTI0_IRQn,5);
23
24    }
25
26    void EXTI0_IRQHandler()
27    {
28        LED(1,LED_ON);
29        EXTI_ClearFlag(EXTI_Line0);
30        NVIC_ClearPendingIRQ(EXTI0_IRQn);
31    }
32
33    void EXTI1_IRQHandler()
34    {
35        KEY1 = 1;//按键 KEY1 按下标志位置 1
36        EXTI_ClearFlag(EXTI_Line1);
37        NVIC_ClearPendingIRQ(EXTI1_IRQn);
38    }
39
```

对比第 5 章的 "exti. c" 文件，代码 7-3 有以下修改：首先将 KEY2 的相关代码删除，并加入一个全局变量 KEY1，用来标识 KEY1 是否按下；然后在 KEY1 的中断函数 EXTI1_IRQHandler 里面置位 KEY1 中断标志为 1，表示有按键按下。

这里用串口 1 的 DMA 传送，也就是要用到 DMA 的通道 4，首先需要对串口进行初始化，设置通信速率为 9600bit/s，无校验位，数据为 8，停止位为 1。如代码 7-4 所示。

代码 7-4 usart. c

```
1     //Filename:usart. c
2
3     #include "includes. h"
4
5     voiduart_init(Int32U bound){
6         //端口设置
7         GPIO_InitTypeDef GPIO_InitStructure;
8         USART_InitTypeDef USART_InitStructure;
9         NVIC_InitTypeDef NVIC_InitStructure;
10
11        RCC_APB2PeriphClockCmd(RCC_APB2Periph_USART1|RCC_APB2Periph_GPIOA,ENABLE);
                                                    //使能 USART1,GPIOA 时钟
12
13        //USART1_TX    GPIOA. 9
14        GPIO_InitStructure. GPIO_Pin = GPIO_Pin_9;            //PA. 9
```

```
15    GPIO_InitStructure. GPIO_Speed = GPIO_Speed_50MHz;
16    GPIO_InitStructure. GPIO_Mode = GPIO_Mode_AF_PP;          //复用推挽输出
17    GPIO_Init( GPIOA ,&GPIO_InitStructure);                   //初始化 GPIOA. 9
18
19    //Usart1 NVIC 配置
20    NVIC_InitStructure. NVIC_IRQChannel = USART1_IRQn;
21    NVIC_InitStructure. NVIC_IRQChannelPreemptionPriority = 3; //抢占优先级 3
22    NVIC_InitStructure. NVIC_IRQChannelSubPriority = 3;        //优先级 3
23    NVIC_InitStructure. NVIC_IRQChannelCmd = ENABLE;          //IRQ 通道使能
24    NVIC_Init( &NVIC_InitStructure);//根据指定的参数初始化 VIC 寄存器
25
26    //USART 初始化
27    USART_InitStructure. USART_BaudRate = bound;              //串口波特率
28    USART_InitStructure. USART_WordLength = USART_WordLength_8b;//字长为 8 位数据格式
29    USART_InitStructure. USART_StopBits = USART_StopBits_1;   //一个停止位
30    USART_InitStructure. USART_Parity = USART_Parity_No;      //无奇偶校验位
31    USART_InitStructure. USART_HardwareFlowControl =
      USART_HardwareFlowControl_None;                           //无硬件数据流控制
32    USART_InitStructure. USART_Mode = USART_Mode_Tx;         //发送模式
33
34    USART_Init( USART1 ,&USART_InitStructure);               //初始化串口
35    USART_Cmd( USART1 ,ENABLE);                              //使能串口 1
36
37  }
```

"usart. h" 文件如代码 7-5 所示。

代码 7-5　usart. h

```
1    #include " vartypes. h"
2    voiduart_init( Int32U bound);
```

"dma. c" 和 "dma. h" 文件分别如代码 7-6、代码 7-7 所示。

代码 7-6　dma. c

```
1    //Filename:dma. c
2
3    #include " includes. h"
4
5    DMA_InitTypeDef DMA_InitStructure;
6
7    u16 DMA1_MEM_LEN;//保存 DMA 每次数据传送的长度
8
9    //DMA1 的各通道配置
10   //这里的传输形式是固定的,这点要根据不同的情况来修改
11   //从存储器 -> 外设模式/8 位数据宽度/存储器增量模式
12   //DMA_CHx:DMA 通道 CHx
13   //cpar:外设地址
```

```
14    //cmar:存储器地址
15    //cndtr:数据传输量
16    voidMYDMA_Config(DMA_Channel_TypeDef * DMA_CHx,u32 cpar,u32 cmar,u16 cndtr)
17    {
18      RCC_AHBPeriphClockCmd(RCC_AHBPeriph_DMA1,ENABLE);  //使能 DMA 传输
19
20      DMA_DeInit(DMA_CHx);  //将 DMA 的通道 1 寄存器重设为默认值
21      DMA1_MEM_LEN = cndtr;
22      DMA_InitStructure. DMA_PeripheralBaseAddr = cpar;  //DMA 外设 ADC 基地址
23      DMA_InitStructure. DMA_MemoryBaseAddr = cmar;  //DMA 内存基地址
24      DMA_InitStructure. DMA_DIR = DMA_DIR_PeripheralDST;  //数据传输方向,从内存读取
             发送到外设
25      DMA_InitStructure. DMA_BufferSize = cndtr;  //DMA 通道的 DMA 缓存
26      DMA_InitStructure. DMA_PeripheralInc = DMA_PeripheralInc_Disable;  //外设地址寄存器不变
27      DMA_InitStructure. DMA_MemoryInc = DMA_MemoryInc_Enable;  //内存地址寄存器递增
28      DMA_InitStructure. DMA_PeripheralDataSize = DMA_PeripheralDataSize_Byte;  //数据宽度为 8 位
29      DMA_InitStructure. DMA_MemoryDataSize = DMA_MemoryDataSize_Byte;  //数据宽度为 8 位
30      DMA_InitStructure. DMA_Mode = DMA_Mode_Normal;  //工作在正常缓冲模式
31      DMA_InitStructure. DMA_Priority = DMA_Priority_Medium;  //DMA 通道 x 拥有中优先级
32      DMA_InitStructure. DMA_M2M = DMA_M2M_Disable;  //DMA 通道 x 没有设置为内存到
             内存传输
33      DMA_Init(DMA_CHx,&DMA_InitStructure);  //根据 DMA_InitStruct 中指定的参数初始
             化 DMA 的通道 usart1_TX_DMA_Channel 所标识的寄存器
34
35    }
36    //开启一次 DMA 传输
37    voidMYDMA_Enable(DMA_Channel_TypeDef * DMA_CHx)
38    {
39      DMA_Cmd(DMA_CHx,DISABLE );//关闭 USART1 TX DMA1 所指示的通道
40      DMA_SetCurrDataCounter(DMA1_Channel4,DMA1_MEM_LEN);  //DMA 通道的 DMA 缓
             存的大小
41      DMA_Cmd(DMA_CHx,ENABLE);  //使能 USART1 TX DMA1 所指示的通道
42    }
```

代码 7-7　dma. h

```
1    #ifndef __DMA_H
2    #define__DMA_H
3
4    voidMYDMA_Config(DMA_Channel_TypeDef * DMA_CHx,u32 cpar,u32 cmar,u16 cndtr);//配
     置 DMA1_CHx
5
6    voidMYDMA_Enable(DMA_Channel_TypeDef * DMA_CHx);//开启 DMA1_CHx
7
8    #endif
```

代码 7-8 为 "bsp. c" 文件，主要功能为对本案例用到的外设进行初始化。

135

代码 7-8 bsp. c

```
1   //Filename:bsp. c
2   #include "includes. h"
3
4   const u8 TEXT_TO_SEND[ ] = {"STM32 DMA 串口实验"};
5   #define TEXT_LENTH   sizeof(TEXT_TO_SEND)-1   //TEXT_TO_SEND 字符串长度(不包含
    结束符)
6   u8 SendBuff[(TEXT_LENTH +2) * 100];
7
8   void BSPInit(void)
9   {
10  u16 i;
11  u8 t =0;
12  LEDInit();
13  EXTIKeyInit();
14  uart_init(9600);   //串口通信速率初始化为 9600
15  for(i =0;i < (TEXT_LENTH +2) * 100;i ++)   //填充 ASCII 字符集数据
16  {
17              if(t > = TEXT_LENTH)//加入换行符
18         {
19                  SendBuff[i + + ] =0x0d;
20                  SendBuff[i] =0x0a;
21                  t =0;
22         } else
23              {
24  SendBuff[i] = TEXT_TO_SEND[t ++];   //复制 TEXT_TO_SEND 语句
25              }
26  }
27  MYDMA_Config(DMA1_Channel4,(u32)&USART1- > DR,(u32)SendBuff,(TEXT_LENTH +
    2) * 100);// DMA1 通道 4,外设为串口 1,存储器为 SendBuff,长(TEXT_LENTH +2) * 100.
28
29  }
```

代码 7-9 为 "main. c" 的代码, 初始化的时候 LED 为熄灭状态, 当 KEY1 被按下时点亮 LED 发送 DMA 数据。

代码 7-9 main. c

```
1   //Filename:main. c
2   #include "includes. h"
3
4   / **
5    * @ brief   Main program.
6    * @ param   None
7    * @ retval None
8    */
9   extern Int08U KEY1;//外部变量,按键 KEY1 按下标志
```

```
10
11    int main(void)
12    {
13        BSPInit();
14        LED(1,LED_OFF);
15
16        while(1)
17        {
18
19          if(KEY1==1){
20            LED(1,LED_ON);//点亮 D1
21            USART_DMACmd(USART1,USART_DMAReq_Tx,ENABLE);//
22            MYDMA_Enable(DMA1_Channel4);//开始一次 DMA 传输
23              while(1)
24              {
25                if(DMA_GetFlagStatus(DMA1_FLAG_TC4)!=RESET)//等待通道4完成
26                {
27                  DMA_ClearFlag(DMA1_FLAG_TC4);//清除通道4传输完成标志
28                  break;
29                }
30
31              }
32
33            LED(1,LED_OFF);//熄灭 D1
34            KEY1=0;//清除按键 KEY1 按下标志位
35          }
36        }
37    }
```

7.5.4　仿真运行结果

编译之后，将 HEX 文件下载到 STM32 芯片，然后通过 USB 转串口连接到计算机，按下按键 KEY1，D1 灯亮，DMA 数据被传输到串口并通过计算机显示出来，DMA 传输仿真效果如图 7-8 所示。

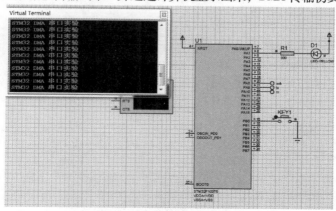

图 7-8　DMA 传输仿真效果

7.6　小结

本章介绍了 DMA 的概念和工作原理，详细介绍了 STM32 的 DMA 内部结构和寄存器，讲解了 DMA 的软件编程方法。最后通过一个串口传输 DMA 数据的案例，演示了 DMA 的使用方法，并给出了详细的实现代码。

7.7　习题

1. 简述 DMA 的作用。
2. 简述 STM32 DMA 的特点。
3. 简述 DMA 仲裁器的作用。
4. 简述 DMA 的错误管理机制。
5. 简述 DMA 通道的工作模式、工作原理。
6. 简述通过标准库函数配置 DMA 通道的一般方法。

第 8 章　通用同步/异步通信

本章讲解 STM32F103xx 上的重要外设——USART，即串行通信模块。串行通信（Serial Communication）以其结构简单和低成本的优势，成为设备间最常用的通信方式之一。STM32F103xx 的 USART 功能非常强大，它不仅支持最基本的通用串口同步和异步通信，还具有局域互联网（Local Interconnection Network，LIN）功能、IrDA 功能（红外通信）、智能卡功能等。本章介绍最为常用的全双工异步通信方式，并在最后给出查询、中断两种方式进行串口接收的案例。

8.1　串行通信原理概述

串行通信的概念非常简单，即串口按位（bit）发送和接收字节。串行通信方式可以在使用一根线发送数据的同时用另一根线接收数据，这种通信方式很简单并且易于实现远距离通信。比如 IEEE488 定义并行通信状态时，规定设备线总长不得超过 20m，并且任意两个设备间的长度不得超过 2m；而对于串口通信而言，长度可达 1200m。本节简要介绍串行通信的基本原理。

8.1.1　串行通信的硬件连接

相同工作电平标准的单片机之间很容易建立串行通信的连接。如图 8-1 所示，两台单片机之间只需将发送端（TXD）和接收端（RXD）交叉连接，再将参考零电位引脚相连接，就能构成串行通信的硬件条件。

最经典的异步串行通信硬件标准是 RS-232，

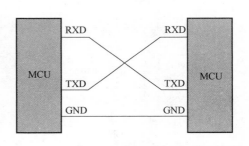

图 8-1　两台单片机之间的串行通信连接电路

单片机串行口不能直接连接 RS-232 接口，必须进行如图 8-2 所示的信号标准转换才能进行通信。因为两者所遵循的电平标准是有差异的。单片机引脚信号符合 TTL 电平，两种电平标准的比较见表 8-1。通常使用 MAX232 系列芯片实现两者的信号转换，实现串行通信。

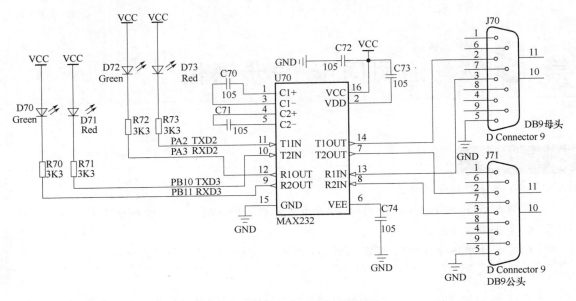

图 8-2　RS-232 接口电路原理图

表 8-1　TTL 电平标准与 RS-232 电平标准比较

通 信 标 准	电 平 标 准
5V TTL	逻辑 1：2.4 ~ 5V 逻辑 0：0 ~ 0.5V
RS-232	逻辑 1：−15 ~ −3V 逻辑 0：+3 ~ +15V

当前，大多数主流 PC 已经没有 RS-232 接口，那如何实现单片机与 PC 的串行通信呢？可以利用 PC 常见的 USB 接口，把 USB 接口转换成 TTL 电平标准的串口，并且 PC 端要安装驱动程序，就能与单片机进行通信连接。其转换电路原理图如图 8-3 所示。这也是很多种类的单片机利用 PC 的 USB 接口进行程序下载的电路。

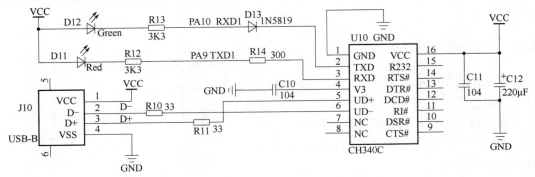

图 8-3　USB 转串口后与单片机通信电路原理图

8.1.2 异步串行通信的数据帧

异步串行通信因收发双方不需要统一的时钟信号，节约了资源，因此最为常用。异步串行通信是以字符帧为单位进行发送和接收的。每两个相邻的字符帧之间的时间间隔是任意的。每一字符帧由起始位、数据位、奇偶校验位和停止位组成，字符帧的结构如图 8-4 所示。

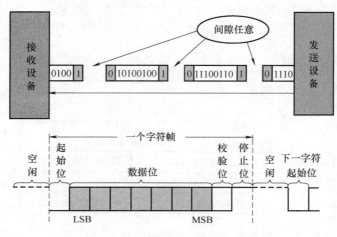

图 8-4 异步串行通信的字符帧示意图

这里有必要掌握几个重要的通信参数：

1. 起始位

起始位通常用"0"表示，位于字符数据帧开头。

2. 数据位

数据位通常被约定为 5、6、7 或 8 位长，先发送低位，后发送高位，所以紧跟在起始位之后的是最低有效位（LSB），最高有效位（MSB）是一个数据中最后发送的位。

3. 奇偶校验位

奇偶校验位是可选的，用来检验数据传输过程中的正误，位于数据位之后，只占一位。校验方法有奇校验（odd）、偶检验（even）、0 检验（space）、1 检验（mark）及无校验（noparity）。

奇校验要求有效数据和校验位中"1"的个数为奇数。例如，一个 8 位长的数据为 10100010，此时总共有 3 个"1"，为了满足奇校验要求，校验位为"0"。

偶校验要求有效数据和校验位中"1"的个数为偶数。例如，一个 8 位长的数据为 10100010，此时总共有 3 个"1"，为了满足偶校验要求，校验位为"1"。

0 校验的要求是不管有效数据中有多少个"1"，校验位总是为"0"；而 1 校验的校验位总是为"1"。这两种校验方式较少使用。

4. 停止位

停止位通常用"1"表示，便于接收端辨识下一帧数据的起始位。停止位的时长是可选的，可由通信双方约定为 1、1.5 或 2 个数据位时长。

5. 波特率

异步通信双方由于没有统一的时钟信号，所以通信双方要约定好每一位所占的时间长度，以便接收方对信号进行解码。波特率的单位是比特/秒（bit/s）。常用的波特率有 2400bit/s、9600bit/s、19200bit/s、115200bit/s。

8.2　STM32F103xx 的串口工作原理

STM32 的串行通信接口有两种，分别是：通用异步收发器（UART）、通用同步异步收发器（USART）。而对于大容量 STM32F10x 系列芯片，分别有两个 UART 和三个 USART。本节从结构图、利用库函数设置和使用串口、数据发送与接收三个方面介绍 STM32F10x 的USART。

8.2.1　USART 的结构图

USART 的结构图如图 8-5 所示。

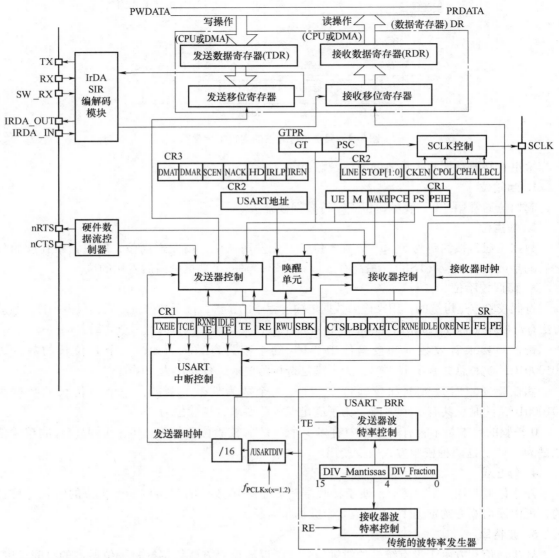

USARTDIV=DIV_Mantissa+(DIV_Fraction/16)

图 8-5　USART 的结构图

从下至上，串口架构主要由四个部分组成，分别是波特率控制、中断控制、收发控制以及数据存储转移。串口的架构图看起来虽然复杂，但是对于 MCU 应用开发人员来说，尤其是使用库函数开发的人员来说，只需要懂得编程操作过程中与结构图有大致的相关性即可。

1. 功能引脚

TX：发送数据输出引脚，应配置为推挽复用输出模式。

RX：接收数据输入引脚，应配置为浮空输入模式。

SW_RX：数据接收内部引脚，只用于单线和智能卡模式。

nRTS 和 nCTS 引脚：只用于硬件数据流控制器。

SCLK：发送器时钟输出引脚，只用于同步模式。

2. 发送器

CR1 寄存器的 UE 是 USART 使能位，如果要使用 USART，需要把 UE 位置 1。

CR1 寄存器的 TE 位是发送使能位，该位被置 1 时，启动数据发送。发送数据寄存器（TDR）中的数据会被传送到发送移位寄存器，数据会被一位一位地在 TX 引脚输出，低位在前、高位在后。如果是同步模式，SCLK 也会输出时钟信号。

SR 寄存器的 TC 位是发送完成标志位，当数据发送完毕，自动置 1。

CR1 寄存器的 TCIE 位是发送完成中断使能位，该位被置 1 时，发送完成后会产生中断。

3. 接收器

CR1 寄存器的 RE 位是接收使能位，该位被置 1 时，可以接收 RX 引脚输入的数据。接收到的数据最初是放在接收移位寄存器，接收完成后，就把数据传送到接收数据寄存器（RDR）内。

SR 寄存器的 RXNE 是读数据寄存器非空标志位，在数据接收完成后自动置 1。

CR1 寄存器的 RXNEIE 是接收完成中断使能位，该位被置 1 时，在接收完成后会产生中断。

8.2.2　利用库函数设置和使用串口

USART 使用到的库函数定义主要分布在"stm32f10x_usart. h"和"stm32f10x_usart. c"文件中。串口设置一般可以总结为如下几个步骤：

1. 串口时钟使能及 GPIO 时钟使能

串口是挂载在 APB2 下面的外设，所以使能函数为：

1　RCC_APB2PeriphClockCmd(RCC_APB2Periph_USART1 | RCC_APB2Periph_GPIOA, ENABLE);//使能 USART1,GPIOA 时钟

2. 串口复位

当外设出现异常时可以通过复位设置实现该外设的复位，然后重新配置该外设达到让其重新工作的目的。一般在系统刚开始配置外设时，都会先执行复位该外设的操作。复位操作是在函数 USART_DeInit（USART_TypeDef * USARTx）中完成的，比如要复位 USART1，方法为：

1　USART_DeInit(USART1)；//复位串口 1

3. GPIO 端口模式设置

发送引脚要设置为推挽复用输出模式，接收引脚要设置为浮空输入模式。

4. 串口参数初始化

串口初始化是通过 USART_Init 函数实现的：

void USART_Init(USART_TypeDef * USARTx, USART_InitTypeDef * USART_InitStruct);

该函数的第一个入口参数是指定初始化的串口标号，这里选择 USART1。第二个入口参数是一个 USART_InitTypeDef 类型的结构体指针，该结构体指针的成员变量用来设置串口的一些参数。一般的实现方式如代码 8-1 所示。

代码 8-1   USART 初始化代码

```
1    USART_InitStructure. USART_BaudRate = bound;                                    //波特率;
2    USART_InitStructure. USART_WordLength = USART_WordLength_8b;      //字长为 8 位数据格式
3    USART_InitStructure. USART_StopBits = USART_StopBits_1;                    //一个停止位
4    USART_InitStructure. USART_Parity = USART_Parity_No;                         //无奇偶校验位
5    USART_InitStructure. USART_HardwareFlowControl = USART_HardwareFlowControl_None;
                                                                                              //无硬件数据流控制
6    USART_InitStructure. USART_Mode = USART_Mode_Rx|USART_Mode_Tx;//收发模式
7    USART_Init( USART1 ,&USART_InitStructure);                                      //初始化串口
```

总之，初始化需要设置的参数为波特率、字长、停止位、奇偶校验位、硬件数据流控制、收发模式，可以根据需要设置这些参数。

5. 开启中断并且初始化 NVIC（如果需要开启中断才需要此步骤）

开启中断并且初始化 NVIC 的函数是：

void USART_ITConfig(USART_TypeDef * USARTx ,uint16_t USART_IT ,FunctionalState NewState);

该函数的第二个入口参数是标示使能串口的类型，也就是使能哪种中断，因为串口的中断类型有很多种。比如在接收到数据时（RXNE 置位时）要产生中断，那么开启中断的方法是：

```
1    USART_ITConfig( USART1 ,USART_IT_RXNE ,ENABLE);//开启中断,接收到数据中断
```

如果在发送数据结束时（TC 置位时）要产生中断，那么开启中断的方法是：

```
1    USART_ITConfig( USART1 ,USART_IT_TC ,ENABLE);
```

6. 使能串口

使能串口的方法是：

```
1    USART_Cmd( USART1 ,ENABLE);                                              //使能串口 USART1
```

7. 编写中断处理函数（如果需要串口中断处理才需要该步骤）

在中断处理函数中，要判断该中断是哪种中断，使用的函数是：

ITStatus USART_GetITStatus(USART_TypeDef * USARTx ,uint16_t USART_IT);

比如使能了串口发送完成中断，那么当中断发生了，便可以在中断处理函数中调用该函数来判断到底是否是串口发送完成中断，方法是：

```
1    if( USART_GetITStatus( USART1 ,USART_IT_RXNE) ! = RESET)//接收到数据
2    {   …
3    }
```

8.2.3 数据发送与接收

数据发送与接收是通过数据寄存器（USART_DR）来实现的，这是一个双寄存器，包含了发送数据寄存器（TDR）和接收数据寄存器（RDR）。当向 DR 写数据时，操作的是 TDR；当从 DR 读数据时，操作的是 RDR。

STM32 库函数发送数据的函数是：

```
1    void USART_SendData( USART_TypeDef * USARTx ,uint16_t Data);//向数据寄存器（USART_
DR)写入一个数据
```

STM32 库函数读取串口接收到的数据的函数是：

```
1  uint16_t USART_ReceiveData(USART_TypeDef * USARTx);//读取串口接收到的数据
```

在库函数中，读取串口状态的函数是：

```
1  FlagStatus USART_GetFlagStatus(USART_TypeDef * USARTx,uint16_t USART_FLAG);
```

该函数的第二个入口参数非常关键，它表示要查看串口的何种状态，比如 RXNE（读数据寄存器非空）以及 TC（发送完成）。

当要判断读寄存器是否非空（RXNE），操作库函数的方法是：

```
1  if(USART_GetFlagStatus(USART1,USART_FLAG_RXNE) == SET)
2  {  …
3  }
```

当要判断发送是否完成（TC），操作库函数的方法是：

```
1  if(USART_GetFlagStatus(USART1,USART_FLAG_TC) == SET)
2  {  …
3  }
```

8.3 应用案例 1：串口查询方式接收

串行通信的主要方式包括查询和中断，本案例演示如何使用查询方式进行串口数据的收发。

8.3.1 案例目标

STM32F103R6 能通过查询方式接收数据，每接收到一个字节，立即向对方发送一个相同内容的字节，并把该字节的十六进制码显示在两位数码管上。

8.3.2 仿真电路设计

在 Proteus 设计 STM32F103xx 单片机控制两位数码管和连接串口的电路，如图 8-6 所示。

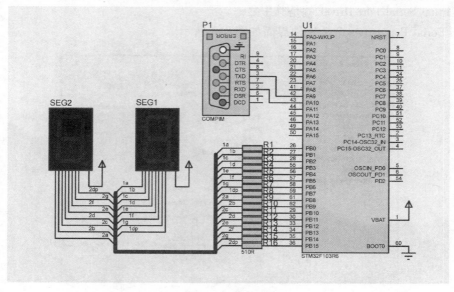

图 8-6 电路原理图

图 8-6 中，P1 是 COMPIM 器件，是标准的 RS-232 端口，需要特别注意的是：在实际电路中，P1 和 U1 之间必须增加如图 8-2 所示的接口电路，否则 U1 会因过电压而损坏。

U1 的属性对话框中，"Crystal Frequency" 要设置为 64MHz，"Program File" 要加载本项目程序编译后形成的 "hex" 文件。

COMPIM 器件的属性对话框如图 8-7 所示。

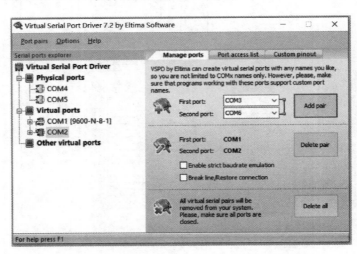

图 8-7　COMPIM 器件的属性对话框

图 8-7 中需要设置所占用的物理端口、波特率等参数。为了调试方便，项目采用串口调试助手软件与 U1 进行通信。这样，通信双方都需要分别占用一个物理端口，并且这两个物理端口要用交叉通信线相连。要在硬件上满足这些要求并不容易，所幸目前有虚拟串口软件可以使用，Virtual Serial Port Driver 就是其中之一。

Virtual Serial Port Driver 7.2 软件界面如图 8-8 所示。

图 8-8　Virtual Serial Port Driver 7.2 软件界面

用户可以在 Virtual Serial Port Driver 上通过 "Add pair" 按钮创建一对虚拟端口 COM1、COM2，并且两者被创建之后就是有通信连接的。创建一对虚拟端口之后，可以在操作系统的设备管理器中查看到端口情况，如图 8-9 所示。

图 8-9　设备管理器中虚拟端口情况

创建一对虚拟端口之后，可以不再运行 Virtual Serial Port Driver 软件，虚拟端口依然可用。

串口调试助手软件界面如图 8-10 所示。串口调试助手软件设置为占用端口 COM2，其余通信参数与图 8-7 中的 P1 相同。设置完成后打开串口，即可进行本项目的功能调试。

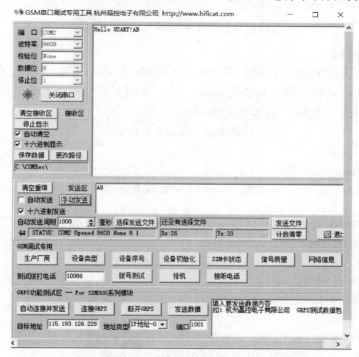

图 8-10　串口调试助手软件界面

8.3.3　代码实现

在 MDK 模板工程的基础上新建 MDK 工程 "Proj_usart_01"，按照以下步骤完成工程创建：

1. 构建工程框架

在 "Proj_usart_01" 的 "BSP" 目录新建文件："usart. h" "usart. c" "led. h" "led. c"。通过 "Manage Project Items" 对话框将 "usart. c" 和 "led. c" 添加到工程的 "BSP" 组中，在标准库中选择 "stm32f10x_usart. c" 和 "stm32f10x_rcc. c" 文件添加到 "FWLib" 组中。添加完成后，工程框架如图 8-11 所示。当然，还需要像 Pro02 一样在 "USER" 中创建 "includes. h" 和 "vartypes. h"。将 "Options" 对话框 "Output" 选项卡下的 "Name of Executable" 设置为 "Proj_usart_01. elf"。这样，工程经过调试后最终生成的程序文件就是 "Proj_usart_01. elf" 和 "Proj_usart_01. hex" 两个文件。其中的任一文件都可以加载到图 8-6 的 U1，程序就会被 STM32F103xx 单片机执行。

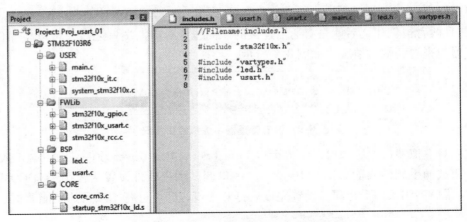

图 8-11　Proj_usart_01 工程框架

2. 编辑 usart 模块

"usart. h" 代码如代码 8-2 所示。其增加了#include " stdio. h"，为重定向 printf 函数做准备；声明了 usart_init 函数，用来初始化 usart 设置；声明了一个可在其他文件中访问的全局变量 Receive_byte，用来存储串口刚接收到的字符。

代码 8-2　usart. h 代码

```
1    //Filename:usart. h
2    #include " vartypes. h"
3    #include " stdio. h"        //为重定向 printf 函数做准备
4
5    #ifndef _USART_H
6    #define _USART_H
7
8    void usart_init( Int32U baud) ;
9    extern Int08U Receive_byte;
10   #endif
```

在 "usart. c" 中添加 usart_ init 函数的实现，并进行 printf 函数重定向，如代码 8-3 所示。在 C 语言标准库中，fputc 函数是 printf 函数内部的一个函数，其功能是把字符写入到指定的文件中，加入以下代码，可以对 fputc 函数重定向，使 printf 函数可用。

需要注意的是：要包含头文件 "stdio. h"，并且勾选 "Options Target" 对话框 "Target" 选项卡中的 "use MicroLIB"。

代码 8-3　usart. c 代码

```
1    //Filename:usart. c
2    #include " includes. h"
3    Int08U Receive_byte;
4    void usart_init( Int32U baud)
5    {
6        GPIO_InitTypeDef GPIO_InitStructure;//GPIO 初始化结构体
7        USART_InitTypeDef USART_InitStructure;//串口初始化结构体
8        RCC_APB2PeriphClockCmd( RCC_APB2Periph_USART1 | RCC_APB2Periph_GPIOA,ENA-
                 BLE) ;//使能 USART1 ,GPIOA 时钟
```

```
9     USART_DeInit(USART1);   //复位串口 1
10
11    GPIO_InitStructure. GPIO_Pin = GPIO_Pin_9; //USART1_TX    GPIOA. 9
12    GPIO_InitStructure. GPIO_Speed = GPIO_Speed_50MHz;
13    GPIO_InitStructure. GPIO_Mode = GPIO_Mode_AF_PP;//复用推挽输出
14    GPIO_Init(GPIOA,&GPIO_InitStructure);//初始化 GPIOA. 9
15
16    GPIO_InitStructure. GPIO_Pin = GPIO_Pin_10; //USART1_RX    GPIOA. 10 初始化
17    GPIO_InitStructure. GPIO_Mode = GPIO_Mode_IN_FLOATING;//浮空输入
18    GPIO_Init(GPIOA,&GPIO_InitStructure);//初始化 GPIOA. 10
19
20    USART_InitStructure. USART_BaudRate = baud;//串口波特率
21    USART_InitStructure. USART_WordLength = USART_WordLength_8b;//字长为 8 位数据格式
22    USART_InitStructure. USART_StopBits = USART_StopBits_1;//一个停止位
23    USART_InitStructure. USART_Parity = USART_Parity_No;//无奇偶校验位
24    USART_InitStructure. USART_HardwareFlowControl = USART_HardwareFlowControl_None;//
      无硬件数据流控制
25    USART_InitStructure. USART_Mode = USART_Mode_Rx | USART_Mode_Tx;//收发模式
26
27    USART_Init(USART1,&USART_InitStructure);//初始化串口 1
28    USART_Cmd(USART1,ENABLE);//使能串口 1
29    }
30
31    //加入以下代码,支持 printf 函数
32    //fputc 函数重定向需要包含头文件 stdio. h,并且勾选 Options Target 对话框 Target 选项卡中
      的 use MicroLIB
33    int fputc(int ch,FILE ∗ f)
34    {
35      USART_SendData(USART1,(uint8_t)ch);//USART1 发送一个字符数据
36      while(USART_GetFlagStatus(USART1,USART_FLAG_TC) == RESET);//等待发送完毕
37      return ch;
38    }
```

3. 编辑 Led 模块

Led 模块用来控制静态显示的数码管。"led. h"和 led. c"代码如代码 8-4、代码 8-5 所示。

代码 8-4   led. h 代码

```
1    //Filename:led. h
2
3    #include "vartypes. h"
4
5    #ifndef _LED_H
6    #define _LED_H
7
8    void LED_Init(void);
```

```
9
10    #endif
```

代码 8-5　led. c 代码

```
1     //Filename:led. c
2     #include " includes. h"
3
4     void LED_Init( void)
5     {
6         GPIO_InitTypeDef   GPIO_InitStructure;
7         RCC_APB2PeriphClockCmd( RCC_APB2Periph_GPIOB,ENABLE);
8         //使能 PB 端口时钟
9         GPIO_InitStructure. GPIO_Pin = GPIO_Pin_All; //配置 PB 全部端口
10        GPIO_InitStructure. GPIO_Mode = GPIO_Mode_Out_PP;//推挽复用输出
11        GPIO_InitStructure. GPIO_Speed = GPIO_Speed_10MHz; //I/O 端口速度为 10MHz
12        GPIO_Init( GPIOB,&GPIO_InitStructure);//根据设定参数初始化 GPIOB
13    }
```

4. 使用 HSI 时钟源

经过测试,在 Proteus 仿真平台中,当 STM32F103xx 使用外部晶振(HSE)作为系统时钟源时,会导致波特率不准确,从而使通信失败。为此,要在"system_stm32f10x. c"文件中修改 SystemInit 函数。"system_stm32f10x. c"文件是非常重要的系统文件,修改时必须要谨慎。建议将原来的 SystemInit 函数名称修改为 SystemInit0,再增加新的 SystemInit 函数,如代码 8-6 所示。在实际硬件平台运行程序时,无需对"system_stm32f10x. c"文件进行这样的修改。

代码 8-6　"system_stm32f10x. c"之 SystemInit 函数

```
1     void SystemInit( void)
2     {
3         RCC_DeInit( );//将外设 RCC 寄存器重设为默认值
4         RCC_HSICmd( ENABLE);//使能 HSI
5         while( RCC_GetFlagStatus( RCC_FLAG_HSIRDY) == RESET);//等待 HSI 使能成功
6         RCC_HCLKConfig( RCC_SYSCLK_Div1);//设置 AHB 时钟 HCLK = SYSCLK/1
7         RCC_PCLK1Config( RCC_HCLK_Div4);//设置低速 AHB 时钟
8         RCC_PCLK2Config( RCC_HCLK_Div1);//设置高速 AHB 时钟
9
10        //设置 PLL 时钟源及倍频系数
11        RCC_PLLConfig(RCC_PLLSource_HSI_Div2,RCC_PLLMul_12);//8MHz/2 = 4MHz,4MHz * 12 =
                                                                48MHz,在 Proteus 中要设置
                                                                CPU 的工作频率为48MHz,否
                                                                则串行通信会出错
12        RCC_PLLCmd( ENABLE) ;//使能 PLL
13        //等待指定的 RCC 标志位设置成功,等待 PLL 初始化成功
14        while( RCC_GetFlagStatus( RCC_FLAG_PLLRDY) == RESET);
15
16        //设置系统时钟(SYSCLK),设置 PLL 为系统时钟源
17        RCC_SYSCLKConfig( RCC_SYSCLKSource_PLLCLK);//选择想要的系统时钟
```

```
18        //等待 PLL 成功用于系统时钟的时钟源
19        while(RCC_GetSYSCLKSource( ) != 0x08);//  0x08:PLL 作为系统时钟
20    }
```

5. 编辑 main 函数

"main. c"如代码 8-7 所示。在 main 函数中调用 usart 初始化函数，配置波特率为 9600bit/s。在随后的 while 循环中，用 USART_GetFlagStatus 函数查询 USART1 是否接收到数据，如果接收到数据，调用 USART_ReceiveData 函数把数据传送到 Receive_byte 变量。将接收到的数据传送完成之后，把读数据寄存器非空标志清除。根据项目要求，要把接收到的数据重新发送出去，于是调用 USART_SendData 函数向外发送一个字符（Receive_byte 变量中的内容）。执行发送后，等待发送完成标志。最后把刚接收到的数据转换为显示码，从 PB 端口输出。

代码 8-7　main. c 代码

```
1     //filename:main. c
2     #include "includes. h"
3     int main( void)
4     {
5         Int08U   led_table[16] = {0xc0,0xf9,0xa4,0xb0,0x99,0x92,0x82,0xf8,0x80,0x90,
6                                   0x88,0x83,0xc6,0xa1,0x86,0x8e};//共阳字型编码
7         Int16Udesplay_word;//两位数码管显示字(两字节)
8         Receive_byte = 0x00;//数码管显示初值"00"
9
10        usart_init(9600);//串口初始化波特率为9600
11        LED_Init( ); //LED 端口初始化
12        printf("Hello USART!");//测试 printf 是否可用
13
14        while(1)
15        {
16          if(USART_GetFlagStatus(USART1,USART_FLAG_RXNE) != RESET)
17              //接收数据位非空标志位不为零,即接收到了数据
18          {
19              Receive_byte = USART_ReceiveData(USART1);
20                //把接收到的数据传送到变量
21              USART_ClearFlag(USART1,USART_FLAG_RXNE);
22                //读数据寄存器非空标志清除
23              USART_SendData(USART1,Receive_byte);//向串口 1 发送相同的数据
24              while(USART_GetFlagStatus(USART1,USART_FLAG_TC)!= SET);
25                  //等待发送结束
26          }
27          desplay_word = (led_table[Receive_byte >> 4] << 8)|led_table[Receive_byte &
              0x0f];//把刚接收到的字符转换为显示码
28          GPIO_Write(GPIOB,desplay_word);//PB 端口输出显示
29        }
30    }
```

8.3.4 仿真运行结果

本案例的仿真模拟界面如图 8-12 所示。

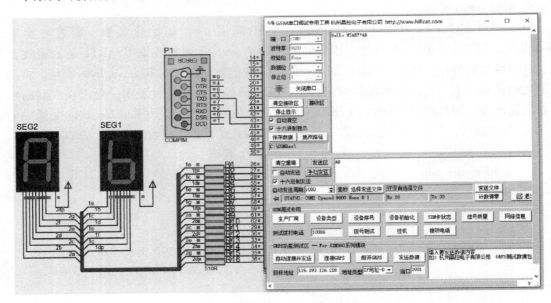

图 8-12 仿真模拟界面

在 MDK 完成编译链接之后，将"Objects"文件夹里面生成的"Proj_usart_01. elf"或 "Proj_usart_01. hex"文件载入图 8-6 的 U1 中。先把串口调试助手接收区的"十六进制显示"可选项去除，再打开串口。

在 Proteus 平台单击运行按钮，程序开始运行。此时串口调试助手接收到"Hello USART!"字符串。这是执行 printf（"Hello USART!"）；语句产生的效果，说明 printf 函数可用，STM32F103xx 的串口设置正确。

程序运行刚开始时，两个数码管显示"00"。此时把串口调试助手的接收区和发送区的"十六进制显示"可选项都勾选，在发送区输入一个十六进制数，并单击"手动发送"。可以看到数码管上显示的十六进制数跟刚才发送的内容是相同的，并且串口调试助手的接收区也接收到相同的十六进制数，实现了项目目标的要求。

8.4 应用案例 2：串口中断方式接收

本案例与上一案例类似，只是改为中断方式进行串口数据接收。

8.4.1 案例目标

STM32F103R6 能通过中断方式接收数据，每接收到一个字节，立即向对方发送一个相同内容的字节，并把该字节的十六进制码显示在两位数码管上。

8.4.2 仿真电路设计

本案例与上一案例的电路完全相同，无需重新设计电路，直接使用即可。

8.4.3 代码实现

因本项目与"Proj_usart_01"的相似性很高,可以复制一份"Proj_usart_01"的工程文件夹,在此基础上进行修改,可以大大减少工作量。

1. 修改工程配置

首先将"PRJ"文件夹里面的"Proj_usart_01"工程文件的名称修改为"Proj_usart_02"。为不与原工程混淆,需要把"PRJ"文件夹和"Objects"文件夹里面含"Proj_usart_01"字样的文件删除。

打开"Proj_usart_02"工程,在"Options"对话框"Output"选项卡下的"Name of Executable"设置为"Proj_usart_02. elf"。这样,工程经过调试后最终生成的程序文件就是"Proj_usart_02. elf"和"Proj_usart_02. hex"两个文件。其中的任一文件都可以加载到图 8-6 的 U1,程序就会被 STM32F103xx 单片机执行。

2. 修改程序代码

本工程与前一工程不同之处在于接收方式由查询方式变为中断方式,所以要修改的部分包含串口初始化配置、增加串口中断服务函数、在 main 函数中的 while 循环内删除串口查询接收代码。

串口初始化配置如代码 8-8 所示。

代码 8-8 "usart. c"之 usart_init 函数

```
1    void usart_init( Int32U bound)
2    {
3        GPIO_InitTypeDef GPIO_InitStructure;//GPIO 初始化结构体
4        USART_InitTypeDef USART_InitStructure;//串口初始化结构体
5        NVIC_InitTypeDef NVIC_InitStructure;//中断初始化结构体
6        RCC_APB2PeriphClockCmd( RCC_APB2Periph_USART1 | RCC_APB2Periph_GPIOA, ENA-
                            BLE);//使能 USART1,GPIOA 时钟
7        USART_DeInit( USART1);    //复位串口 1
8
9        GPIO_InitStructure. GPIO_Pin = GPIO_Pin_9; //USART1_TX    GPIOA. 9
10       GPIO_InitStructure. GPIO_Speed = GPIO_Speed_50MHz;
11       GPIO_InitStructure. GPIO_Mode = GPIO_Mode_AF_PP;//推挽复用输出
12       GPIO_Init( GPIOA, &GPIO_InitStructure);//初始化 GPIOA. 9
13
14       GPIO_InitStructure. GPIO_Pin = GPIO_Pin_10;//USART1_RX    GPIOA. 10 初始化
15       GPIO_InitStructure. GPIO_Mode = GPIO_Mode_IN_FLOATING;//浮空输入
16       GPIO_Init( GPIOA, &GPIO_InitStructure);//初始化 GPIOA. 10
17       //Usart1 中断配置
18       NVIC_InitStructure. NVIC_IRQChannel = USART1_IRQn;//设置串口 1 中断
19       NVIC_InitStructure. NVIC_IRQChannelPreemptionPriority =3;//抢占优先级 3
20       NVIC_InitStructure. NVIC_IRQChannelSubPriority =3;//子优先级 3
21       NVIC_InitStructure. NVIC_IRQChannelCmd = ENABLE;//IRQ 通道使能
22       NVIC_Init( &NVIC_InitStructure);//根据指定的参数初始化 NVIC 寄存器
23
```

```
24          USART_InitStructure. USART_BaudRate = bound;//串口波特率
25          USART_InitStructure. USART_WordLength = USART_WordLength_8b;//字长为8位数据格式
26          USART_InitStructure. USART_StopBits = USART_StopBits_1;//一个停止位
27          USART_InitStructure. USART_Parity = USART_Parity_No;//无奇偶校验位
28          USART_InitStructure. USART_HardwareFlowControl = USART_HardwareFlowControl_None;
            //无硬件数据流控制
29          USART_InitStructure. USART_Mode = USART_Mode_Rx | USART_Mode_Tx;//收发模式
30
31          USART_Init( USART1 ,&USART_InitStructure);//初始化串口1
32          USART_ITConfig( USART1 ,USART_IT_RXNE,ENABLE);//开启串口接收中断
33          USART_Cmd( USART1 ,ENABLE);//使能串口1
34      }
35
```

在"usart. c"中增加串口 1 中断服务函数，接收数据和发送应答数据的代码都在该函数中。串口 1 中断服务函数如代码 8-9 所示。

代码 8-9 "usart. c"之 USART1_IRQHandler 函数

```
1   void USART1_IRQHandler( void)//串口1中断服务函数
2   {
3       if( USART_GetITStatus( USART1 ,USART_IT_RXNE) ! = RESET)//接收到数据
4       {
5           Receive_byte = USART_ReceiveData( USART1 );//读取接收到的数据
6           USART_SendData( USART1 ,Receive_byte);//向串口1发送数据
7           while( USART_GetFlagStatus( USART1 ,USART_FLAG_TC)! = SET);//等待发送结束
8       }
9   }
```

在 main 函数中，把 while(1) 循环中的串口接收数据和发送数据相关代码删除，整个工程的代码修改完成。

8.4.4 仿真运行结果

本案例的仿真模拟过程与上一案例相同，都能实现串口 1 数据的接收和发送，并把最近一次接收到的数据显示在数码管上。

8.5 小结

本章主要内容为 STM32F103xx 系列芯片的串行通信，介绍了串口配置、查询方式接收数据和中断方式接收数据的方法。本章最后给出了两个项目实例：串口查询方式接收、串口中断方式接收。

通过在 STM32F103xx 硬件平台和 Proteus8. 6 SP2 仿真平台上的对比测试，可以发现仿真平台的 STM32F103xx 串行通信功能目前还存在一定的局限性，表现在：使用 HSE 外部时钟作为系统时钟源时通信出错，所以要使用 HSI 内部时钟作为系统时钟源；即使在使用 HSI 内部时钟作为系统时钟源的情况下，串口连续接收字符时仍然出错。所以在仿真平台上仅适合进行单字符的串行通信实验。

8.6 习题

1. 简述串行通信的硬件原理。

2. 简述串行通信协议中校验位的作用。

3. 在进行串行通信时设置波特率的意义是什么？

4. 查询方式通信和中断方式通信有什么区别？

5. 简述使用标准库函数进行 STM32F10x 串口配置的步骤。

6. 简述使用标准库函数进行 STM32F10x 串口数据中断方式收发的步骤。

7. 串口调试助手在嵌入式串行通信程序开发中有什么作用？

8. 简述中断方式接收数据时，串口配置过程和数据接收流程。

9. 尝试将本章项目使用的串口改为 USART2。

第 **9** 章 集成电路总线 （I^2C）

集成电路总线 （Inter-Integrated Circuit, I^2C） 是由飞利浦半导体公司设计出来的一种简单、双向、二线制、同步串行总线。它是一种多向控制总线, 即多个芯片可以连接到同一总线结构下, 同时每个芯片都可以作为实时数据传输的控制源。这种方式简化了信号传输总线接口。也就是说, 只要收发双方同时接入 SDA （双向数据线）、SCL （同步时钟线）, 便可以进行通信。

I^2C 总线在传送数据过程中共有三种类型信号, 它们分别是开始信号、结束信号和应答信号。①开始信号: SCL 为高电平时, SDA 由高电平向低电平跳变, 开始传送数据。②结束信号: SCL 为高电平时, SDA 由低电平向高电平跳变, 结束传送数据。③应答信号: 接收数据的集成电路 （Integrated Circuit, IC） 在接收到 8bit 数据后, 向发送数据的 IC 发出特定的低电平脉冲, 表示已收到数据。CPU 向受控单元发出一个信号后, 等待受控单元发出一个应答信号, CPU 接收到应答信号后, 根据实际情况做出是否继续传递信号的判断。若未收到应答信号, 应判断为受控单元出现故障。

与其他大部分 MCU 一样, STM32 也自带有 I^2C 总线接口。本章介绍 STM32 的 I^2C 总线接口的工作原理, 详细介绍 STM32F103xx 微控制器 I^2C 总线接口的使用方法, 最后给出一个 I^2C 的应用案例。

9.1 I^2C 总线通信概述

9.1.1 STM32 的 I^2C 简介

如果直接控制 STM32 的两个 GPIO 引脚分别用作 SCL 及 SDA, 按照 I^2C 信号的时序要求,直接像控制 LED 那样控制引脚的输出（若是接收数据时则读取 SDA 电平），就可以实现 I²C 通信。同样，假如按照 USART 的要求去控制引脚，也能实现 USART 通信。所以只要遵守协议即标准的通信，不管如何实现它，不管是 ST 生产的控制器还是 ATMEL 生产的存储器，都能按通信标准交互。

由于直接控制 GPIO 引脚电平产生通信时序时，需要由 CPU 控制每个时刻的引脚状态，所以称之为软件模拟协议方式。相对地，还有硬件协议方式，STM32 的 I²C 片上外设专门负责实现 I²C 通信协议，只要配置好该外设，它就会自动根据协议要求产生通信信号，收发数据并缓存起来，CPU 只要检测该外设的状态和访问数据寄存器，就能完成数据收发。这种由硬件外设处理 I²C 协议的方式减轻了 CPU 的工作，且使软件设计更加简单。

9.1.2 STM32 的 I²C 特性与架构

STM32 的 I²C 外设可用作通信的主机及从机，支持 100kbit/s 和 400kbit/s 的速率，支持 7 位、10 位设备地址，支持 DMA 数据传输，并具有数据校验功能。STM32 的 I²C 外设还支持 SMBus2.0 协议，SMBus 协议与 I²C 类似，主要应用于便携式计算机的电池管理中。

I²C 接口接收和发送数据，并将数据从串行转换成并行或从并行转换成串行，可以开启或禁止中断。接口通过数据引脚（SDA）和时钟引脚（SCL）连接到 I²C 总线，允许连接到标准（高至 100kHz）或快速（高至 400kHz）I²C 总线。

1. 模式选择

STM32 的 I²C 模块具有四种模式：从发送器模式、从接收器模式、主发送器模式和主接收器模式，默认模式为从模式。接口在生成起始条件后自动从从模式切换到主模式；当仲裁丢失或产生停止信号，则从主模式切换到从模式。其允许多主机功能。

2. 通信流

在主模式中，I²C 接口启动数据传输并产生时钟信号。串行数据传输总是以起始条件开始和以停止条件结束。主模式时，由软件控制产生起始条件和停止条件。

在从模式中，I²C 接口能识别它自己的地址（7 位或 10 位）和广播呼叫地址。从模式时，由软件控制开启或禁止广播呼叫地址的识别。

数据和地址按 8bit（1 个字节）进行传输，高位在前，跟在起始条件后的第一、二个字节是地址（7 位模式为 1 个字节，10 位模式为 2 个字节），地址只在主模式发送。在一个字节传输的 8 个时钟后的第 9 个时钟期间，接收器必须回送一个应答位（ACK）给发送器。I²C 总线协议如图 9-1 所示。

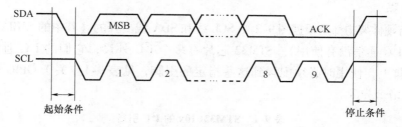

图 9-1 I²C 总线协议

软件可以开启或禁止应答（ACK），I²C 接口的地址（7 位、10 位地址或广播呼叫地址）可通过软件设置。

I²C 接口的功能框图如图 9-2 所示。

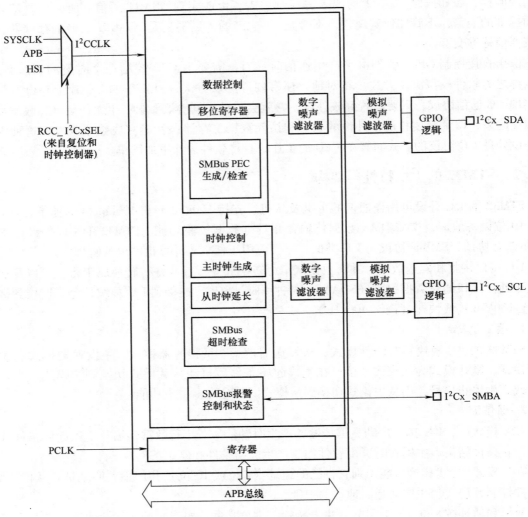

图 9-2　I²C 接口的功能框图

注意，在 SMBus 模式下，SMBALERT 是可选信号。如果 SMBus 被禁止，则该信号不可使用。

3. 通信引脚

I²C 的所有硬件架构都是根据图 9-2 中 SCL 线和 SDA 线展开的（其中的 SMBA 线用于 SMBus 的警告信号，I²C 通信没有使用）。STM32 芯片有多个 I²C 外设，它们的 I²C 通信信号引到不同的 GPIO 引脚上，使用时必须配置到这些指定的引脚，见表 9-1。关于 GPIO 引脚的复用功能，以产品规格书为准。

表 9-1　STM32F10x 的 I²C 引脚

引　　脚	I²C1	I²C2
SCL	PB5/PB8（重映射）	PB10
SDA	PB6/PB9（重映射）	PB11

4. 时钟控制逻辑

SCL 线的时钟信号，由 I²C 接口根据时钟控制寄存器（CCR）控制，控制的参数主要为时钟频率。配置 I²C 的 CCR 可修改通信速率相关的参数，可选择 I²C 通信的标准模式、快速模式，这两个模式分别对应 100kbit/s、400kbit/s 的通信速率。

在快速模式下，可选择 SCL 时钟的占空比，可选 $T_{low}/T_{high} = 2$ 或 $T_{low}/T_{high} = 16/9$ 模式。I²C 协议在 SCL 高电平时对 SDA 信号采样，在 SCL 低电平时 SDA 准备下一个数据，修改 SCL 的高低电平比会影响数据采样，但其实这两种模式的比例差别并不大，若不是要求非常严格，这里两种模式皆可。

CCR 中还有一个 12 位的配置因子 CCR，它与 I²C 外设的输入时钟源共同作用，产生 SCL 时钟，STM32 的 I²C 外设都挂载在 APB1 总线上，使用 APB1 的时钟源 PCLK1，SCL 信号线的输出时钟公式如图 9-3 所示。

标准模式：

$$T_{high} = CCR * T_{PCLK1} \qquad T_{low} = CCR * T_{PCLK1}$$

快速模式中 $T_{low}/T_{high} = 2$ 时：

$$T_{high} = CCR * T_{PCLK1} \qquad T_{low} = 2 * CCR * T_{PCLK1}$$

快速模式中 $T_{low}/T_{high} = 16/9$ 时：

$$T_{high} = 9 * CCR * T_{PCLK1} \qquad T_{low} = 16 * CCR * T_{PCLK1}$$

例如，PCLK1=36MHz，想要配置 400kbit/s 的速率，计算方式如下：

PCLK 时钟周期：　　　　　　　$T_{PCLK1} = 1/36000000$

日标 SCL 时钟周期：　　　　　$T_{SCL} = 1/400000$

SCL 时钟周期内的高电平时间：$T_{high} = T_{SCL}/3$

SCL 时钟周期内的低电平时间：$T_{low} = 2 * T_{SCL/3}$

计算 CCR 的值：　　　　　　　$CCR = T_{high}/T_{PCLK1} = 30$

图 9-3　SCL 信号线的输出时钟公式

计算结果得出 CCR 的值为 30，向该寄存器位写入此值则可以控制 I²C 的通信速率为 400kHz。其实即使配置出来的 SCL 时钟不完全等于标准的 400kHz，I²C 通信的正确性也不会受到影响，因为所有数据通信都是由 SCL 协调的，只要它的时钟频率不远高于标准即可。

5. 数据控制逻辑

I²C 的 SDA 信号主要连接到数据移位寄存器上，数据移位寄存器的数据来源及目标是数据寄存器（DR）、地址寄存器（OAR）、PEC 寄存器以及 SDA 数据线。当向外发送数据时，数据移位寄存器以"数据寄存器"为数据源，把数据一位一位地通过 SDA 信号线发送出去；当从外部接收数据时，数据移位寄存器把 SDA 信号线采样到的数据一位一位地存储到"数据寄存器"中。若使能了数据校验，接收到的数据会经过 PCE 计算器运算，运算结果存储在"PEC 寄存器"中。当 STM32 的 I²C 工作在从机模式时，接收到设备地址信号时数据移位寄存器会把接收到的地址与 STM32 自身的"I²C 地址寄存器"的值做比较，以便响应主机的寻址。STM32 的自身 I²C 地址可通过修改"自身地址寄存器"来修改，支持同时使用两个 I²C 设备地址，两个地址分别存储在 OAR1 和 OAR2 中。

6. 整体控制逻辑

整体控制逻辑负责协调整个 I²C 外设，控制逻辑的工作模式根据配置的"控制寄存器

（CR1/CR2）"的参数而改变。在外设工作时，控制逻辑会根据外设的工作状态修改"状态寄存器（SR1 和 SR2）"，用户只要读取这些寄存器相关的寄存器位，就可以了解 I^2C 的工作状态。除此之外，控制逻辑还根据要求，负责控制产生 I^2C 中断信号、DMA 请求及各种 I^2C 的通信信号（起始、停止、响应信号等）。

7. 通信过程

使用 I^2C 外设通信时，在通信的不同阶段它会对"状态寄存器（SR1 和 SR2）"的不同数据位写入参数，用户通过读取这些寄存器标志来了解通信状态。

8. 主发送器

主发送器发送过程如图 9-4 所示。图中的是主发送器流程，即作为 I^2C 通信的主机端时向外部发送数据的过程。

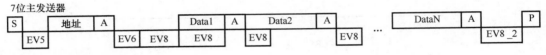

图注：S= 起始位，P=停止位，A=应答，
EVx=事件（如果ITEVFEN=1，则出现中断）
EV5: SB=1,
EV6: ADDR=1,
EV8: TxE=1,
EV8_2: TxE=1, BTF = 1

图 9-4　主发送器发送过程

主发送器发送过程及事件说明如下：

1）控制产生起始信号（S），当发生起始信号后，它产生事件 EV5，并会对 SR1 寄存器的 SB 位置 1，表示起始信号已经发送。

2）发送设备地址并等待应答信号，若有从机应答，则产生事件 EV6 及 EV8，这时 SR1 寄存器的 ADDR 位及 TXE 位被置 1，ADDR 为 1 表示地址已经发送，TXE 为 1 表示数据寄存器为空。

3）以上步骤正常执行并对 ADDR 位清零后，向 I^2C 的"数据寄存器（DR）"写入要发送的数据，这时 TXE 位会被重置 0，表示数据寄存器非空。I^2C 外设通过 SDA 信号线一位位把数据发送出去后，又会产生 EV8 事件，即 TXE 位被置 1，重复这个过程，就可以发送多个字节数据了。

4）当发送数据完成后，控制 I^2C 设备产生一个停止信号（P），这时会产生 EV8_2 事件，SR1 的 TXE 位及 BTF 位都被置 1，表示通信结束。

假如使能了 I^2C 中断，以上所有事件产生时，都会产生 I^2C 中断信号，进入同一个中断服务函数，到 I^2C 中断服务程序后，再通过检查寄存器位来判断是哪一个事件。

9. 主接收器

下面再来分析主接收器过程，即作为 I^2C 通信的主机端时从外部接收数据的过程。主接收器过程如图 9-5 所示。

主接收器接收过程及事件说明如下：

1）同主发送过程一样，起始信号（S）是由主机端产生的，控制发生起始信号后，它产生事件 EV5，并会对 SR1 寄存器的 SB 位置 1，表示起始信号已经发送。

7位主接收器

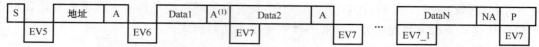

图注：S=起始位,P=停止位，A=应答，NA=非应答,
EVx=事件(如果ITEVFEN = 1，则出现中断)
EV5: SB= 1,
EV6: ADDR= 1,
EV7: RxNE = 1,
EV7_1: RxNE = 1

图 9-5　主接收器接收过程

2）发送设备地址并等待应答信号，若有从机应答，则产生事件 EV6，这时 SR1 寄存器的 ADDR 位被置 1，表示地址已经发送。

3）从机端接收到地址后，开始向主机端发送数据。当主机接收到这些数据后，会产生 EV7 事件，这时 SR1 寄存器的 RXNE 位被置 1，表示接收数据寄存器非空，读取该寄存器后，可对数据寄存器清空，以便接收下一次数据。此时可以控制 I²C 发送应答信号（ACK）或非应答信号（NACK）。若应答，则重复以上步骤接收数据；若非应答，则停止传输。

4）发送非应答信号后，产生停止信号（P），结束传输。

在发送和接收过程中，有的事件不只标志了上面提到的状态位，还可能同时标志主机状态之类的状态位，而且读了之后还需要清除标志位，因此比较复杂。用户可使用 STM32 标准库函数来直接检测这些事件的复合标志，以降低编程难度。

9.2　I²C 功能模式

默认情况下，I²C 接口总是工作在从模式。从默认的从模式切换到主模式，需要产生一个起始条件。

9.2.1　I²C 从模式

为了产生正确的时序，必须在 I²C_CR2 寄存器中设定外设输入时钟。外设输入时钟的频率必须至少是：标准模式下为 2MHz；快速模式下为 4MHz。I²C 从模式工作时序如下：

1. 检测起始位和从机地址，启动通信

一旦检测到起始条件，在 SDA 线上接收到的地址被送到移位寄存器，然后与芯片自己的地址 OAR1 和 OAR2（当 ENDUAL = 1）或者广播呼叫地址（如果 ENGC = 1）相比较。注意，在 10 位地址模式时，比较包括头段序列（11110xx0），其中的 xx 是地址的两个最高有效位。

比较后，若头段或地址不匹配，I²C 接口将其忽视并等待另一个起始条件；若头段匹配（仅 10 位模式）且 ACK 位被置 1，I²C 接口产生一个应答脉冲并等待 8 位从地址；若地址匹配，则 I²C 接口产生以下时序：

1）如果 ACK 位被置 1，则产生一个应答脉冲。

2）当硬件设置 ADDR 位时，如果设置了 ITEVFEN 位，则产生一个中断。

3）如果 ENDUAL = 1，软件必须读 DUALF 位，以确认响应了哪个从地址。

在 10 位模式时，接收到地址序列后，从设备总是处于接收器模式。在收到与地址匹配的头序列并且最低位为 1（即 11110xx1）后，当接收到重复的起始条件时，将进入发送器模式。TAR 位在从模式下指示当前是处于接收器模式还是发送器模式。

2. 发送数据

在接收到地址和清除 ADDR 位后，从发送器将字节从 DR 寄存器经由内部移位寄存器发送到 SDA 线上。从设备保持 SCL 为低电平，直到 ADDR 位被清除并且待发送数据已写入 DR 寄存器。

3. 应答脉冲

当收到应答脉冲时，TXE 位被硬件置位，如果设置了 ITEVFEN 位和 ITBUFEN 位，则产生一个中断。如果 TXE 位被置位，但在上一次数据发送结束之前没有数据写入到 DR 寄存器，则 BTF 位被置位，I²C 接口将保持 SCL 为低电平，以等待写入 DR 寄存器。

在接收到地址和清除 ADDR 后，从接收器将通过内部移位寄存器从 SDA 线接收到的字节存进 DR 寄存器。I²C 接口在接收到每个字节后都生成以下时序：

1）如果设置了 ACK 位，则产生一个应答脉冲。

2）硬件置位 RXNE。如果设置了 ITEVFEN 位和 ITBUFEN 位，则产生一个中断。

如果 RXNE 被置位，并且在接收新的数据结束之前 DR 寄存器未被读出，则 BTF 位被置位，I²C 接口保持 SCL 为低电平，等待读 DR 寄存器。

4. 关闭从通信

在最后一个数据字节被发送后，主设备产生一个停止条件。I²C 接口检测到这一条件时，STOPF 位被置位，如果设置了 ITEVFEN 位，则产生一个中断。然后 I²C 接口等待读 SR1 寄存器，再写 CR1 寄存器。

9.2.2　I²C 主模式

在 I²C 主模式时，I²C 接口启动数据传输并产生时钟信号。串行数据传输总是以起始条件开始和以停止条件结束。当用 START 位在总线上产生了起始条件时，设备就进入了 I²C 主模式。以下是 I²C 主模式所要求的时序：

1）在 I²C_CR2 寄存器中设定外设时钟以产生正确的时序。

2）配置时钟控制寄存器。

3）配置上升时间寄存器。

4）编程 I²C_CR2 寄存器，启动外设。

5）置 I²C_CR2 寄存器中的 START 位为 1，用于产生起始条件。

外设输入时钟频率必须至少是：标准模式下为 2MHz；快速模式下为 4MHz。

1. 起始条件

当 BUSY 位处于清除状态时对 START 位置位，使 I²C 接口产生一个开始条件并切换到主模式（M/SL 位置位）。在主模式下，设置 START 位将在当前字节传输完后由硬件产生一个重开始条件。

一旦开始条件发出，SB 位被硬件置位，如果设置了 ITEVFEN 位，则会产生一个中断。然后主设备等待读 SR1 寄存器，再将从地址写入 DR 寄存器。

2. 从地址的发送

从地址通过内部移位寄存器被送到 SDA 线上。

1）在 10 位地址模式时，发送一个头段序列产生以下事件：

① ADD10 位被硬件置位，如果设置了 ITEVFEN 位，则产生一个中断。

② 主设备等待一次读 SR1 寄存器，再将第二个地址字节写入 DR 寄存器。

③ ADDR 位被硬件置位，如果设置了 ITEVFEN 位，则产生一个中断。

④ 主设备等待一次读 SR1 寄存器，再读 SR2 寄存器。

2）在 7 位地址模式时，将送出一个地址字节。一旦该地址字节被送出，ADDR 位被硬件置位，如果设置了 ITEVFEN 位，则产生一个中断。随后主设备等待一次读 SR1 寄存器，再读 SR2 寄存器。

3）根据送出从地址的 LSB 位，主设备决定进入发送器模式还是接收器模式：

① 在 7 位地址模式时：要进入发送器模式，主设备发送从地址时让 LSB 等于 0；要进入接收器模式，主设备发送从地址时让 LSB 等于 1。

② 在 10 位地址模式时：要进入发送器模式，主设备先发送头字节（11110xx0），然后发送 LSB 位等于 0 的从地址（头字节中的 xx 是 10 位地址中的最高 2 位）；要进入接收器模式，主设备先发送头字节（11110xx0），然后发送 LSB 位等于 0 的从地址，随后再重新发送一个开始条件，后面跟着头字节（11110xx1）（头字节中的 xx 是 10 位地址中的最高 2 位）。

TRA 位指示主设备是在接收器模式还是发送器模式。

9.2.3　I²C 中断请求

I²C 中断请求见表 9-2。

表 9-2　I²C 中断请求

中 断 事 件	事 件 标 志	开启控制位
起始位已发送（主）	SB	
地址已发送（主）或地址匹配（从）	ADDR	
10 位头段已发送（主）	ADD10	ITEVFEN
已收到停止（从）	STOPF	
数据字节传输完成	BTF	
接收缓冲区非空	RXNE	ITEVFEN 和 ITBUFEN
发送缓冲区空	TXE	
总线错误	BERR	
仲裁丢失（主）	ARLO	
响应失败	AF	
过载/欠载	OVR	ITERREN
PEC 错误	PECERR	
超时/Tlow 错误	TIMEOUT	
SMBus 提醒	SMBALERT	

注：1. SB、ADDR、ADD10、STOPF、BTF、RXNE、TXE 通过逻辑或汇到同一个中断通道中。

　　2. BERR、ARLO、AF、OVR、PECERR、TIMEOUT、SMBALERT 通过逻辑或汇到同一个中断通道中。

I²C 中断映射图如图 9-6 所示。

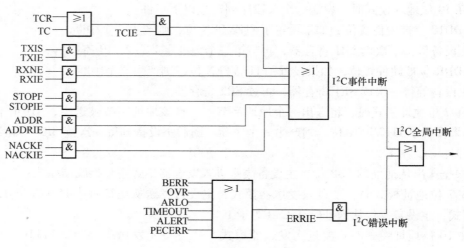

图 9-6 I²C 中断映射图

9.2.4 I²C 控制寄存器

I²C 控制寄存器 1（I²C_CR1）如图 9-7 所示。其中，地址偏移为 0x00，复位值为 0x0000。

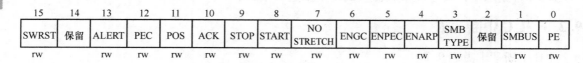

图 9-7 I²C 控制寄存器 1

I²C 控制寄存器 1 各位的含义见表 9-3。

表 9-3 I²C 控制寄存器 1 各位的含义

位 编 号	含 义
位 15	SWRST：软件复位。当被置位时，I²C 处于复位状态；在复位该位前确信 I²C 的引脚被释放，总线是空的 0：I²C 外设不处于复位状态 1：I²C 外设处于复位状态 注：当在总线上没有检测到停止条件时，该位可以用于 BUSY 位被置位的情况
位 14	保留位，硬件强制为 0
位 13	ALERT：SMBus 提醒。软件可以设置或清除该位，或当 PE = 0 时由硬件清除 0：释放 SMBAlert 引脚使其变高，提醒响应地址头紧跟在 NACK 信号后面 1：驱动 SMBAlert 引脚使其变低，提醒响应地址头紧跟在 ACK 信号后面
位 12	PEC：数据包出错检测。软件可以设置或清除该位；当传送 PEC 后，或起始或停止条件时，或当 PE = 0 时，硬件将其清除 0：无 PEC 传输 1：PEC 传输（在发送或接收模式） 注：PEC 的计算可能因为仲裁的丢失而出现混乱

（续）

位 编 号	含 义
位 11	POS：应答/PEC 位置（用于数据接收）。软件可以设置或清除该位，或当 PE = 0 时由硬件清除 0：ACK 位控制当前移位寄存器内正在接收的字节的（N）ACK；PEC 位表明当前移位寄存器内的字节是 PEC 1：ACK 位控制在移位寄存器里接收的下一个字节的（N）ACK；PEC 位表明在移位寄存器里接收的下一个字节是 PEC 注：该位必须在数据接收开始之前设置；该设置必须只用在地址延长事件中，以防只有 2 个数据字节
位 10	ACK：应答使能。软件可以设置或清除该位，或当 PE = 0 时由硬件清除 0：无应答返回 1：在接收到一个字节后返回一个应答（匹配的地址或数据）
位 9	STOP：停止条件产生。软件可以设置或清除该位，或当检测到停止条件时由硬件清除；当检测到超时错误时，硬件将其置位。 在主模式下： 0：无停止条件产生 1：在当前字节传输或在当前起始条件发出后产生停止条件 在从模式下： 0：无停止条件产生 1：在当前字节传输或释放 SCL 线和 SDA 线 注：在主模式下，当需要停止条件时，必须清除 I²C_SR1 寄存器中的 BTF 位
位 8	START：起始条件产生。软件可以设置或清除该位，或当起始条件发出后或 PE = 0 时由硬件清除 在主模式下： 0：无起始条件产生 1：重复产生起始条件 在从模式下： 0：无起始条件产生 1：当总线空闲时，产生起始条件
位 7	NO STRETCH：禁止时钟延长（从模式）。该位用于当 ADDR 或 BTF 标志被置位，在从模式下禁止时钟延长，直到它被软件复位 0：允许时钟延长 1：禁止时钟延长
位 6	ENGC：广播呼叫使能 0：禁止广播呼叫，以非应答响应地址 00h 1：允许广播呼叫，以应答响应地址 00h
位 5	ENPEC：PEC 使能 0：禁止 PEC 计算 1：开启 PEC 计算

（续）

位 编 号	含 义
位 4	ENARP：ARP 使能 0：禁止 ARP 1：使能 ARP 如果 SMBTYPE = 0，使用 SMBus 设备的默认地址；如果 SMBTYPE = 1，使用 SMBus 的主地址
位 3	SMBTYPE：SMBus 类型 0：SMBus 设备 1：SMBus 主机
位 2	保留位，硬件强制为 0
位 1	SMBUS：SMBus 模式 0：I^2C 模式 1：SMBus 模式
位 0	PE：I^2C 外设使能 0：禁用 I^2C 外设 1：启用 I^2C 外设：根据 SMBus 位的选用，相应的 I/O 端口执行响应的复用功能 注：如果复位该位时通信正在进行，在当前通信结束后，I^2C 外设被禁用并返回空闲状态；由于在通信结束后发生 PE = 0，所有的位被复位；在主模式下，通信结束之前，绝不能复位该位

I^2C 控制寄存器 2（I^2C_CR2）如图 9-8 所示。其中，地址偏移为 0x04，复位值为 0x0000。

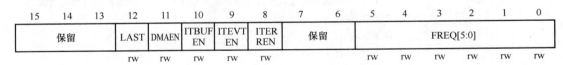

图 9-8 I^2C 控制寄存器 2

I^2C 控制寄存器 2 各位的含义见表 9-4。

表 9-4 I^2C 控制寄存器 2 各位的含义

位 编 号	含 义
位 15：13	保留位，硬件强制为 0
位 12	LAST：DMA 最后一次传输 0：下一次 DMA 的 EOT 不是最后的传输 1：下一次 DMA 的 EOT 是最后的传输 注：该位在主接收模式使用，使得在最后一次接收数据时可以产生一个 NACK
位 11	DMAEN：DMA 请求使能 0：禁止 DMA 请求 1：当 TXE = 1 或 RXNE = 1 时，允许 DMA 请求 注：只有在收到地址序列且清除了 ADDR 位后，才能设置 DMAEN 位

（续）

位　编　号	含　义
位 10	ITBUFEN：缓冲器中断使能 0：当 TXE = 1 或 RXNE = 1 时，不产生任何中断 1：当 TXE = 1 或 RXNE = 1 时，产生事件中断（不管 DMAEN 是何种状态）
位 9	ITEVTEN：事件中断使能 0：禁止事件中断 1：允许事件中断 在下列条件下，将产生该中断： – SB = 1（主模式） – ADDR = 1（主/从模式） – ADD10 = 1（主模式） – STOPF = 1（从模式） – BTF = 1，但是没有 TXE 或 RXNE 事件 – 如果 ITBUFEN = 1，TXE 事件为 1 – 如果 ITBUFEN = 1，RXNE 事件为 1
位 8	ITERREN：出错中断使能 0：禁止出错中断 1：允许出错中断 在下列条件下，将产生该中断： – BERR = 1 – ARLO = 1 – AF = 1 – OVR = 1 – PECERR = 1 – TIMEOUT = 1 – SMBAlert = 1
位 7：6	保留位，硬件强制为 0
位 5：0	FREQ［5：0］：外设时钟频率，必须设置正确的输入时钟频率以产生正确的时序，允许的范围在 2 ~ 50MHz 之间： 000000：禁止 000001：禁止 000010：2MHz ⋮ 110010：50MHz 大于 110010：禁止

9.3　应用案例：I²C 传输

9.3.1　案例目标

本案例利用 I/O 端口通过 KEY01 按键来控制 STM32F103R6 向 24C02 写入"hello"，通过另外一个按键 KEY02 来控制 STM32F103R6 从 24C02 读取"hello"（对应十六进制为"68 65 6c 6c 6f"），并通过一个 I²C 模拟器显示相关信息。同时，用户可以通过 USMART 控制在 24C02 的任意地址写入和读取数据。

9.3.2　仿真电路设计

打开 Proteus，创建仿真工程"ProteusPro09"。将电路连接为如图 9-9 所示，保留 D1 作为系统运行的指示灯，加入一个 I²C 模拟器和 24C02C 存储器，以 PC12 作为 SCL 接口、PC11 作为 SDA 接口。

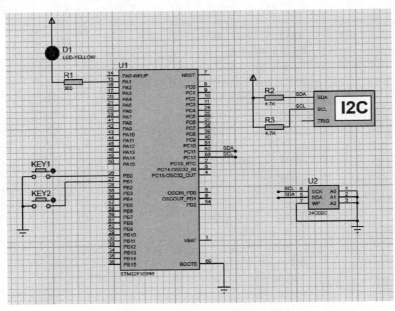

图 9-9　Proteus 仿真工程原理图

9.3.3　代码实现

在第 5 章的工程基础上新建 Keil MDK 工程 Pro09。载入工程 Pro09.uvprojx，打开"Options for Target"的 STM32F103R6 属性设置，将"Output"下面的"Name of Executable"设置为"Pro09.hex"。

整个项目架构文件如图 9-10 所示。

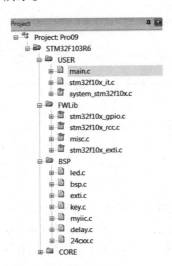

图 9-10　Pro09 项目架构文件

按键部分由于多了一个按键，将相对应的代码文件修改如代码9-1所示。

代码 9-1 key. c

```
1    //Filename：key. c
2    #include "includes. h"
3
4    void   KeyInit()
5    {
6      GPIO_InitTypeDef g;
7      RCC_APB2PeriphClockCmd(RCC_APB2Periph_GPIOB,ENABLE);
8
9      g. GPIO_Pin = GPIO_Pin_0 | GPIO_Pin_1;
10     g. GPIO_Mode = GPIO_Mode_IPU;
11     GPIO_Init(GPIOB,&g);
12
13     GPIO_SetBits(GPIOB,GPIO_Pin_0 | GPIO_Pin_1);
14   }
```

D1 通过限流电阻 R1 接到 PA1，用于指示程序运行，"led. c" 和 "led. h" 代码分别如代码9-2、代码9-3 所示。

代码 9-2 led. c

```
1    //Filename：led. c
2    #include "includes. h"
3
4    void LEDInit(void)
5    {
6      GPIO_InitTypeDef g;
7      RCC_APB2PeriphClockCmd(RCC_APB2Periph_GPIOA,ENABLE);
8
9      g. GPIO_Pin = GPIO_Pin_1;
10     g. GPIO_Mode = GPIO_Mode_Out_PP;
11     g. GPIO_Speed = GPIO_Speed_50MHz;
12     GPIO_Init(GPIOA,&g);
13   }
14
15   void LED(Int08U ledNO,Int08U ledState)
16   {
17     switch(ledNO)
18     {
19       case 1:
20         if(ledState == LED_OFF)
21         {
22           GPIO_SetBits(GPIOA,GPIO_Pin_1);
23         } else
24         {
```

```
25          GPIO_ResetBits( GPIOA , GPIO_Pin_1 ) ;
26       }
27       break ;
28     default :
29       break ;
30   }
31 }
32
```

代码 9-3　led. h

```
1  //Filename : led. h
2
3  #define LED_ON 1
4  #define LED_OFF 0
5
6  void LEDInit( void ) ;
7  void LED( Int08U ledNO , Int08U ledState ) ;
```

以中断方式控制按键，如代码 9-4、代码 9-5 所示。

代码 9-4　exti. h

```
1  //Filename : exit. h
2
3  #ifndef _EXTI_H
4  #define _EXTI_H
5
6  #define KEY1_PRES 0
7  #define KEY2_PRES 1
8  #define UP 3
9
10 void EXTIKeyInit( void ) ;
11
12 #endif
```

代码 9-5　exti. c

```
1  //Filename : exti. c
2  #include " includes. h"
3
4  int key = UP ;
5  void EXTIKeyInit( void )
6  {
7    EXTI_InitTypeDef Exit_InitStructure ;
8
9    KeyInit( ) ;
10
11   RCC_APB2PeriphClockCmd( RCC_APB2Periph_AFIO , ENABLE ) ;
12   GPIO_EXTILineConfig( GPIO_PortSourceGPIOB , GPIO_PinSource0 ) ;
```

```
13      GPIO_EXTILineConfig( GPIO_PortSourceGPIOB, GPIO_PinSource1 ) ;
14      Exit_InitStructure. EXTI_Line = EXTI_Line0 | EXTI_Line1 ;
15      Exit_InitStructure. EXTI_Mode = EXTI_Mode_Interrupt;
16      Exit_InitStructure. EXTI_Trigger = EXTI_Trigger_Falling;
17      Exit_InitStructure. EXTI_LineCmd = ENABLE;
18      EXTI_Init( &Exit_InitStructure ) ;
19
20      NVIC_EnableIRQ( EXTI0_IRQn ) ;
21      NVIC_EnableIRQ( EXTI1_IRQn ) ;
22      NVIC_SetPriority( EXTI0_IRQn,5 ) ;
23      NVIC_SetPriority( EXTI1_IRQn,6 ) ;
24    }
25
26    void EXTI0_IRQHandler( )
27    {
28      key = KEY1_PRES ;
29      EXTI_ClearFlag( EXTI_Line0 ) ;
30      NVIC_ClearPendingIRQ( EXTI0_IRQn ) ;
31    }
32
33    void EXTI1_IRQHandler( )
34    {
35      key = KEY2_PRES ;
36      EXTI_ClearFlag( EXTI_Line1 ) ;
37      NVIC_ClearPendingIRQ( EXTI1_IRQn ) ;
38    }
```

I^2C 部分的代码如代码 9-6、代码 9-7 所示。

代码 9-6　myiic. c

```
1     //#include " myiic. h"
2     //#include " delay. h"
3
4     #include " includes. h"
5
6     //I²C 初始化
7     void IIC_Init( void)
8     {
9       GPIO_InitTypeDef GPIO_Initure;
10
11      RCC_APB2PeriphClockCmd( RCC_APB2Periph_GPIOC,ENABLE) ;//使能 GPIOC 时钟
12      //PC11,12 初始化设置
13      GPIO_Initure. GPIO_Pin = GPIO_Pin_11 | GPIO_Pin_12 ;
14      GPIO_Initure. GPIO_Mode = GPIO_Mode_Out_PP ;    //推挽输出
15
16      GPIO_Initure. GPIO_Speed = GPIO_Speed_50MHz ;        //高速
```

```
17      GPIO_Init(GPIOC,&GPIO_Initure);
18
19      IIC_SDA=1;
20      IIC_SCL=1;
21    }
22
23    //产生 I²C 起始信号
24    void IIC_Start(void)
25    {
26      SDA_OUT();      //SDA 线输出
27      IIC_SDA=1;
28      IIC_SCL=1;
29      delay_us(4);
30      IIC_SDA=0;//START:when CLK is high,DATA change form high to low
31      delay_us(4);
32      IIC_SCL=0;//钳住 I²C 总线,准备发送或接收数据
33    }
34    //产生 I²C 停止信号
35    void IIC_Stop(void)
36    {
37      SDA_OUT();//SDA 线输出
38      IIC_SCL=0;
39      IIC_SDA=0;//STOP:when CLK is high,DATA change form low to high
40      delay_us(4);
41      IIC_SCL=1;
42      IIC_SDA=1;//发送 I²C 总线结束信号
43      delay_us(4);
44    }
45    //等待应答信号到来
46    //返回值:1,接收应答失败
47    //       0,接收应答成功
48    u8 IIC_Wait_Ack(void)
49    {
50      u8 ucErrTime=0;
51      SDA_IN();        //SDA 设置为输入
52      IIC_SDA=1;
53        delay_us(1);
54      IIC_SCL=1;
55        delay_us(1);
56      while(READ_SDA)
57      {
58        ucErrTime++;
59        if(ucErrTime>250)
60        {
```

```
61         IIC_Stop();
62         return 1;
63       }
64     }
65     IIC_SCL = 0;//时钟输出为0
66     return 0;
67   }
68   //产生 ACK 应答
69   void IIC_Ack(void)
70   {
71     IIC_SCL = 0;
72     SDA_OUT();
73     IIC_SDA = 0;
74     delay_us(2);
75     IIC_SCL = 1;
76     delay_us(2);
77     IIC_SCL = 0;
78   }
79   //不产生 ACK 应答
80   void IIC_NAck(void)
81   {
82     IIC_SCL = 0;
83     SDA_OUT();
84     IIC_SDA = 1;
85     delay_us(2);
86     IIC_SCL = 1;
87     delay_us(2);
88     IIC_SCL = 0;
89   }
90   //I²C 发送一个字节
91   //返回从机有无应答
92   //1,有应答
93   //0,无应答
94   void IIC_Send_Byte(u8 txd)
95   {
96     u8 t;
97     SDA_OUT();
98     IIC_SCL = 0;//拉低时钟开始数据传输
99     for(t = 0;t < 8;t ++)
100      {
101          IIC_SDA = (txd&0x80) >>7;
102          txd <<= 1;
103          delay_us(2);
104      IIC_SCL = 1;
```

```
105       delay_us(2);
106       IIC_SCL = 0;
107       delay_us (2);
108       }
109  }
110  //读一个字节,ack = 1,发送 ACK;ack = 0,发送 NACK
111  u8 IIC_Read_Byte(unsigned char ack)
112  {
113   unsigned char i,receive = 0;
114   SDA_IN();//SDA 设置为输入
115    for(i = 0;i < 8;i ++)
116    {
117         IIC_SCL = 0;
118      delay_us(2);
119    IIC_SCL = 1;
120         receive <<= 1;
121         if(READ_SDA)receive ++;
122
123      delay_us(1);
124      }
125      if(!ack)
126         IIC_NAck();//发送 NACK
127      else
128         IIC_Ack();//发送 ACK
129      return receive;
130  }
131
```

代码 9-7 myiic. h

```
1    #ifndef _MYIIC_H
2    #define _MYIIC_H
3
4    //IO 方向设置
5    #define SDA_IN()    {GPIOC -> CRH& = 0XFFFF0FFF;GPIOC -> CRH | = (u32)8 <<
     12;}//PC12 输入模式
6    #define SDA_OUT()    {GPIOC -> CRH& = 0XFFFF0FFF;GPIOC -> CRH | = (u32)3 <<
     12;}//PC12 输出模式
7
8    //IO 操作
9    #define IIC_SCL    PCout(12)//SCL
10   #define IIC_SDA    PCout(11)//SDA
11   #define READ_SDA    PCin(11)    //输入 SDA
12
13   //I²C 所有操作函数
14   void IIC_Init(void);                    //初始化 I²C 的 I/O 端口
```

```
15    void IIC_Start( void) ;                         //发送 I²C 开始信号
16    void IIC_Stop( void) ;                          //发送 I²C 停止信号
17    void IIC_Send_Byte( u8 txd) ;                   //I²C 发送一个字节
18    u8 IIC_Read_Byte( unsigned char ack) ;          //I²C 读取一个字节
19    u8 IIC_Wait_Ack( void) ;                        //I²C 等待 ACK 信号
20    void IIC_Ack( void) ;                           //I²C 发送 ACK 信号
21    void IIC_NAck( void) ;                          //I²C 不发送 ACK 信号
22
23    void IIC_Write_One_Byte( u8 daddr, u8 addr, u8 data) ;
24    u8 IIC_Read_One_Byte( u8 daddr, u8 addr) ;
25
26    #endif
27
```

代码9-8、代码9-9 为延时模块。

代码 9-8　delay. h

```
1    extern void delay_us( u32 nus) ;
2    extern void delay_ms( u16 nms) ;
3    extern void delay_init( u8 SYSCLK) ;
4    extern void delay_ns( u16 ns) ;
```

代码 9-9　delay. c

```
1    #include " includes. h"
2
3    //使用 SysTick 的普通计数模式对延迟进行管理
4    //包括 delay_us, delay_ms
5    static u8   fac_us = 0 ;//μs 延时倍乘数
6    static u16 fac_ms = 0 ;//ms 延时倍乘数
7    //初始化延迟函数
8    //SYSCLK 取值 72,36 等
9    void delay_init( u8 SYSCLK)
10   {
11           SysTick-> CTRL& = 0xfffffffb ;   //选择内部时钟 HCLK/8
12           fac_us = SYSCLK/8 ;   //72MHz/8 = 9MHz,每次计数 1/9μs,所以计数 9 时正好 1μs
13           fac_ms = ( u16) fac_us * 1000 ;
14   }
15   //延时 nms
16   //注意 nms 的范围
17   //nms <= 0xffffff * 8/SYSCLK
18   //对 72MHz 条件, nms <= 1864
19   void delay_ms( u16 nms)
20   {
21   SysTick-> LOAD = ( u32) nms * fac_ms ;            //时间加载
22   SysTick-> CTRL| = 0x01 ;                          //开始倒数
23   while( !( SysTick-> CTRL&( 1 << 16))) ;           //等待时间到达
```

```
24      SysTick-> CTRL& = 0XFFFFFFFE;          //关闭计数器
25      SysTick-> VAL = 0X00000000;            //清空计数器
26  }
27  //延时 μs
28  void delay_us(u32 nus)
29  {
30          SysTick-> LOAD = nus * fac_us;     //时间加载
31          SysTick-> CTRL| = 0x01;            //开始倒数
32          while(!(SysTick-> CTRL&(1 <<16)));  //等待时间到达
33          SysTick-> CTRL = 0X00000000;       //关闭计数器
34          SysTick-> VAL = 0X00000000;        //清空计数器
35  }
36
```

"24cxx. c" 和 "24cxx. h" 如代码9-10、代码9-11 所示。

代码9-10   24cxx. c

```
1   #include " includes. h"
2   //初始化 I²C 接口
3   void AT24CXX_Init( void)
4   {
5     IIC_Init( );//I²C 初始化
6   }
7   //在 AT24XX 指定地址读出一个数据
8   //ReadAddr:开始读数的地址
9   //返回值:读到的数据
10  u8 AT24CXX_ReadOneByte( u16 ReadAddr)
11  {
12    u8 temp = 0;
13      IIC_Start( );
14    if( EE_TYPE > AT24C16)
15    {
16      IIC_Send_Byte(0XA0);//发送写命令
17      IIC_Wait_Ack( );
18      IIC_Send_Byte( ReadAddr > >8);//发送高地址
19    } else IIC_Send_Byte(0XA0 + (( ReadAddr/256) <<1));   //发送器件地址0XA0,写数据
20    IIC_Wait_Ack( );
21    IIC_Send_Byte( ReadAddr% 256);                        //发送低地址
22    IIC_Wait_Ack( );
23    IIC_Start( );
24    IIC_Send_Byte(0XA1);                                  //进入接收模式
25    IIC_Wait_Ack( );
26    temp = IIC_Read_Byte(0);
27    IIC_Stop( );                                          //产生一个停止条件
28    return temp;
29  }
```

```
30   //在 AT24CXX 指定地址写入一个数据
31   //WriteAddr:写入数据的目的地址
32   //DataToWrite:要写入的数据
33   void AT24CXX_WriteOneByte(u16 WriteAddr,u8 DataToWrite)
34   {
35     IIC_Start();
36     if(EE_TYPE > AT24C16)
37     {
38       IIC_Send_Byte(0XA0);                              //发送写命令
39       IIC_Wait_Ack();
40       IIC_Send_Byte(WriteAddr>>8);                      //发送高地址
41     } else IIC_Send_Byte(0XA0+((WriteAddr/256)<<1));    //发送器件地址 0XA0,写数据
42     IIC_Wait_Ack();
43     IIC_Send_Byte(WriteAddr%256);                       //发送低地址
44     IIC_Wait_Ack();
45     IIC_Send_Byte(DataToWrite);                         //发送字节
46     IIC_Wait_Ack();
47     IIC_Stop();                                         //产生一个停止条件
48     delay_ms (100);
49   }
50   //在 AT24CXX 里面的指定地址开始写入长度为 Len 的数据
51   //该函数用于写入 16bit 或者 32bit 的数据
52   //WriteAddr:开始写入的地址
53   //DataToWrite:数据数组首地址
54   //Len:要写入数据的长度 2,4
55   void AT24CXX_WriteLenByte(u16 WriteAddr,u32 DataToWrite,u8 Len)
56   {
57     u8 t;
58     for(t=0;t<Len;t++)
59     {
60       AT24CXX_WriteOneByte(WriteAddr+t,(DataToWrite>>(8*t))&0xff);
61     }
62   }
63
64   //在 AT24CXX 里面的指定地址开始读出长度为 Len 的数据
65   //该函数用于读出 16bit 或者 32bit 的数据
66   //ReadAddr:开始读出的地址
67   //返回值:数据
68   //Len:要读出数据的长度 2,4
69   u32 AT24CXX_ReadLenByte(u16 ReadAddr,u8 Len)
70   {
71     u8 t;
72     u32 temp=0;
73     for(t=0;t<Len;t++)
```

```
74        {
75            temp <<= 8;
76            temp += AT24CXX_ReadOneByte(ReadAddr + Len-t-1);
77        }
78        return temp;
79    }
80    //检查 AT24CXX 是否正常
81    //这里用了 24CXX 的最后一个地址(255)来存储标志字
82    //如果用其他 24C 系列,需要修改该地址
83    //返回 1:检测失败
84    //返回 0:检测成功
85    u8 AT24CXX_Check(void)
86    {
87        u8 temp;
88        temp = AT24CXX_ReadOneByte(255);//避免每次开机都写 AT24CXX
89        if(temp == 0X55)return 0;
90        else//排除第一次初始化的情况
91        {
92            AT24CXX_WriteOneByte(255,0X55);
93            temp = AT24CXX_ReadOneByte(255);
94            if(temp == 0X55)return 0;
95        }
96        return 1;
97    }
98
99    //在 AT24CXX 里面的指定地址开始读出指定个数的数据
100   //ReadAddr:开始读出的地址,对 24c02 为 0~255
101   //pBuffer:数据数组首地址
102   //NumToRead:要读出数据的个数
103   void AT24CXX_Read(u16 ReadAddr,u8 * pBuffer,u16 NumToRead)
104   {
105       while(NumToRead)
106       {
107           * pBuffer ++= AT24CXX_ReadOneByte(ReadAddr ++);
108           NumToRead --;
109       }
110   }
111   //在 AT24CXX 里面的指定地址开始写入指定个数的数据
112   //WriteAddr:开始写入的地址,对 24c02 为 0~255
113   //pBuffer:数据数组首地址
114   //NumToWrite:要写入数据的个数
115   void AT24CXX_Write(u16 WriteAddr,u8 * pBuffer,u16 NumToWrite)
116   {
117       while(NumToWrite --)
```

```
118        {
119            AT24CXX_WriteOneByte(WriteAddr, * pBuffer);
120            WriteAddr ++;
121            pBuffer ++;
122        }
123    }
```

代码 9-11   24cxx. h

```
1    #ifndef _24CXX_H
2    #define _24CXX_H
3
4    #include "myiic. h"
5
6    #define AT24C01   127
7    #define AT24C02   255
8    #define AT24C04   511
9    #define AT24C08   1023
10   #define AT24C16   2047
11   #define AT24C32   4095
12   #define AT24C64   8191
13   #define AT24C128  16383
14   #define AT24C256  32767
15   #define EE_TYPE AT24C02
16
17   u8 AT24CXX_ReadOneByte(u16 ReadAddr);//指定地址读取一个字节
18   void AT24CXX_WriteOneByte(u16 WriteAddr,u8 DataToWrite);//指定地址写入一个字节
19   void AT24CXX_WriteLenByte(u16 WriteAddr,u32 DataToWrite,u8 Len);//指定地址开始写入
     指定长度的数据
20   u32 AT24CXX_ReadLenByte(u16 ReadAddr,u8 Len);//指定地址开始读取指定长度的数据
21   void AT24CXX_Write(u16 WriteAddr,u8 * pBuffer,u16 NumToWrite);//从指定地址开始写
     入指定长度的数据
22   void AT24CXX_Read(u16 ReadAddr,u8 * pBuffer,u16 NumToRead);//从指定地址开始读出
     指定长度的数据
23
24   u8 AT24CXX_Check(void);   //检查器件
25   void AT24CXX_Init(void);   //初始化 I²C
26   #endif
```

"vartypes. h" 如代码 9-12 所示。

代码 9-12   vartypes. h

```
1    //Filename: vartypes. h
2    #ifndef _VARTYPES_H
3    #define _VARTYPES_H
4
5    typedef unsigned char   Int08U;
```

179

```
6    typedef signed char        Int08S;
7    typedef unsigned short      Int16U;
8    typedef signed short        Int16S;
9    typedef unsigned int        Int32U;
10   typedef signed int          Int32S;
11   typedef float               Float32;
12
13   //I/O 端口操作宏定义
14   #define BITBAND(addr,bitnum)((addr & 0xF0000000) + 0x2000000 + ((addr &0xFFFFF) <<5) +
     (bitnum <<2))
15   #define MEM_ADDR(addr)      *((volatile unsigned long *)(addr))
16   #define BIT_ADDR(addr,bitnum)    MEM_ADDR(BITBAND(addr,bitnum))
17   //I/O 端口地址映射
18   #define GPIOC_ODR_Addr      (GPIOC_BASE + 12) //0x4001100C
19
20   #define GPIOC_IDR_Addr      (GPIOC_BASE + 8)//0x40011008
21
22   //I/O 端口操作,只对单一的 IO 端口
23   //确保 n 的值小于 16
24
25   #define PCout(n)    BIT_ADDR(GPIOC_ODR_Addr,n)    //输出
26   #define PCin(n)     BIT_ADDR(GPIOC_IDR_Addr,n)    //输入
27
28   #endif
29
```

"includes. h" 如代码 9-13 所示。

代码 9-13   includes. h

```
1    //Filename:includes. h
2
3    #include "stm32f10x. h"
4
5    #include "vartypes. h"
6    #include "led. h"
7    #include "key. h"
8    #include "delay. h"
9    #include "exti. h"
10   #include "bsp. h"
11   #include "myiic. h"
12   #include "24cxx. h"
13
```

"main. c" 如代码 9-14 所示。

代码 9-14   main. c

```
1    //Filename: main. c
```

```
2      #include "includes. h"
3
4         //要写入到24c02的字符串数组
5      const u8 TEXT_Buffer[ ] = { "hello" } ;
6      #define SIZE sizeof( TEXT_Buffer)
7      extern int key;
8      / * *
9        * @ brief   Main program.
10       * @ param   None
11       * @ retval None
12       * /
13     int main( void)
14     {
15        int i = 0;
16
17        u8 datatemp[ SIZE ] ;
18        Int08U ledState = LED_OFF ;
19        BSPInit( ) ;
20        delay_init(72) ;
21        LED(1 ,ledState) ;
22
23        AT24CXX_Init( ) ;                          //初始化 I²C
24        while( AT24CXX_Check( ) )                   //检测不到24C02
25        {
26          delay_ms(50000) ;
27        }
28
29        / * Infinite loop * /
30        while(1)
31        {
32
33          if( key = = KEY1_PRES)                    //KEY1 按下,写入 24C02
34          {
35
36            AT24CXX_Write(0 ,( u8 * )TEXT_Buffer,SIZE) ;
37            key = UP;
38
39          }
40          if( key = = KEY2_PRES)                    //KEY2 按下,读取字符串并显示
41          {
42
43            AT24CXX_Read(0 ,datatemp,SIZE) ;
44            key = UP;
45
```

```
46          }
47
48          i ++ ;
49          delay_ms( 100 ) ;
50          if( i == 20 )
51          {
52            //提示系统正在运行
53            if( ledState == LED_OFF ) {
54              ledState = LED_ON ;
55            } else {
56              ledState = LED_OFF ;
57            }
58            LED( 1 , ledState ) ;
59            i = 0 ;
60          }
61        }
62    }
```

182

9.3.4 仿真运行结果

打开 proteus8. 6，载入项目文件，双击 STM32F103R6 芯片，加载 HEX 文件。如图 9-11 所示，单击运行，仿真运行结果如图 9-12 所示。

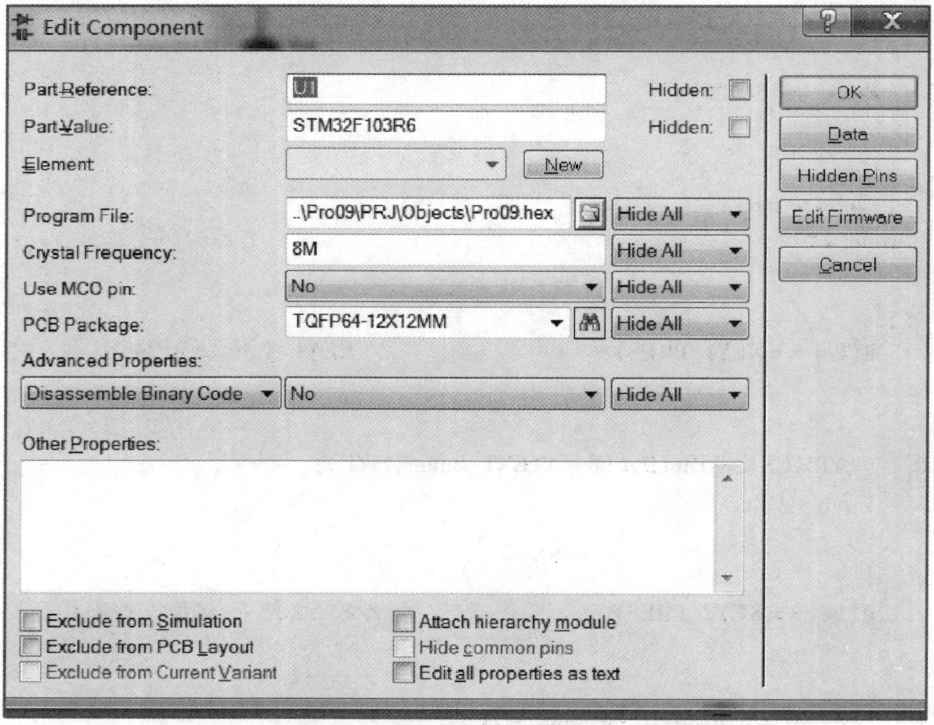

图 9-11 加载 HEX 文件

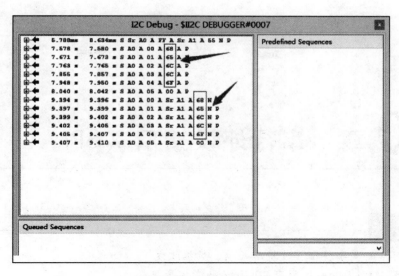

图 9-12　仿真运行结果

9.4　小结

本章介绍了 I^2C 的一般概念和工作原理，详细介绍了 STM32 的 I^2C 的内部结构和寄存器。最后通过一个 I^2C 读写 24C02 的案例，演示了 I^2C 的使用方法，并给出了详细的实现代码。

9.5　习题

1. 简述 I^2C 的优点。
2. 简述 I^2C 两根信号线 SDA、SCL 的连接方式。
3. 怎样理解 I^2C 的时序图？
4. 使用 I^2C 通信，如何进行主机、从机的选择？
5. I^2C 通信过程中，如何进行选址？
6. I^2C 数据传输的过程中，主设备是如何从从设备中读取数据的？
7. 简述 EEPROM 的特点及其在嵌入式系统中的作用。

第 **10** 章 串行外设接口（SPI）

　　串行外设接口（Serial Peripheral Interface，SPI）总线是 Motorola 公司推出的一种同步串行外设接口。SPI 总线允许 MCU 以全双工的同步串行方式与各种外设进行高速数据通信，是一种高速、同步的通信总线。

　　本章将详细介绍 STM32F103xx 系列微控制器 SPI 通信的原理，在此基础上讲解 SPI 通信相关的模式配置、收发数据的过程等，最后给出使用库函数控制 STM32F103xx 系列微控制器进行 SPI 通信的方法。

10.1　SPI 概述

　　SPI 主要应用在 EEPROM、Flash、实时时钟（RTC）、模/数转换器（ADC）、数字信号处理器（DSP）以及数字信号解码器之间。它在芯片中只占用 4 根引脚用来控制以及数据传输，节约了芯片的引脚数目，同时为 PCB 在布局上节省了空间。正是出于这种简单易用的特性，现在越来越多的芯片上都集成了 SPI 技术。

　　SPI 总线是一种 4 线总线，因其硬件功能很强，所以与 SPI 有关的软件就非常简单，使得采用 SPI 通信的主控芯片有更多时间处理其他事务。正是因为这种简单易用的特性，越来越多的半导体厂商使用这种通信协议，逐渐成为一种事实上的标准。SPI 通常由一个主模块和一个或多个从模块组成，主模块选择一个从模块进行同步通信，从而完成数据的交换。SPI 为环形结构，通信时需要至少 4 根线（事实上在单向传输时 3 根线也可以）。

　　与 USART 相比，SPI 的数据传输速度更快。SPI 被广泛应用于 MCU 与 ADC、LCD 等设备进行通信。MCU 还可以通过 SPI 组成一个小型同步网络，进行高速数据交换从而完成更复杂的工作。

10.1.1　STM32 的 SPI 工作原理及其物理接口

　　SPI 的通信原理很简单，它以主从方式工作，这种模式通常有一个主设备和一个或多个从设备，需要至少 4 根线。其功能框图如图 10-1 所示，从 SPI 设备的外部看，有 MOSI、MISO、SCK、NSS 四个接口，内部是为实现 SPI 的同步串行通信的设置配置的寄存器、控制电路等，在后面内容的讲解中还会不时回看该图。

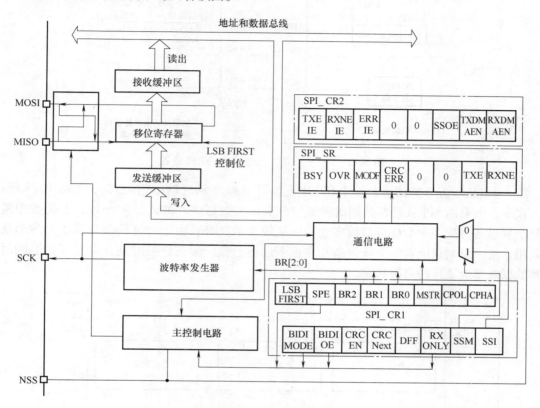

图 10-1 SPI 功能框图

MOSI：主设备输出/从设备输入引脚。该引脚在主模式下发送数据，在从模式下接收数据。

MISO：主设备输入/从设备输出引脚。该引脚在从模式下发送数据，在主模式下接收数据。

SCK：串口时钟，作为主设备的输出，从设备的输入。

NSS：从设备选择。这是一个可选的引脚，用来选择主/从设备。它的功能是用来作为"片选引脚"，让主设备可以单独地与特定的从设备通信，避免数据线上的冲突。从设备的 NSS 引脚可以由主设备的一个标准 I/O 引脚来驱动。一旦被使能（SSOE 位），NSS 引脚也可以作为输出引脚，并在 SPI 处于主模式时拉低；此时，所有的 SPI 设备，如果它们的 NSS 引脚连接到主设备的 NSS 引脚，则会检测到低电平，如果它们被设置为 NSS 硬件模式，就会自动进入从设备状态。当配置为主设备、NSS 配置为输入引脚（MSTR = 1，SSOE = 0）时，如果 NSS 被拉低，则这个 SPI 设备进入主模式失败状态（即 MSTR 位被自动清除，此设备进入从模式）。

10.1.2 SPI 互连

SPI 互连主要有"一主一从"和"一主多从"两种方式。

"一主一从"互连方式较简单，如图 10-2 所示。此互连方式只有一个 SPI 主设备和一个

SPI 从设备，按照图示方式互连即可。注意：此方式下，主设备的 NSS 接口连接高电平，从设备的 NSS 接口连接低电平。

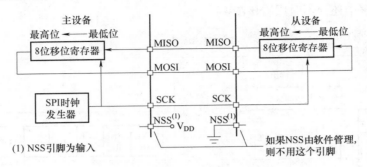

图 10-2 "一主一从"互连方式的 SPI 连接

"一主多从"互连方式下，一个 SPI 主设备可以和多个 SPI 从设备通信，如图 10-3 所示。此方式下，所有的 SPI 从设备共用时钟线（SCK）和数据线（MOSI、MISO），主设备中需要为每个从设备分配一个 I/O 端口以实现不同从设备的选择。由于时钟线和数据线为多个从设备共用，某一时刻只能有一个从设备和主设备进行通信，而在这一时刻其他从设备上的时钟线和数据线都应该保持高阻状态。

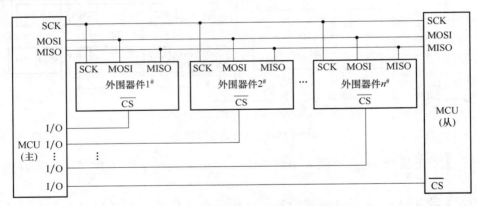

图 10-3 "一主多从"互连方式的 SPI 连接

10.1.3 时序图

在图 10-1 所示的 SPI 功能框图中，右下方的 SPI_CR1 寄存器中的 CPOL 位和 CPHA 位，能够组合成四种可能的时序关系。时钟极性（CPOL）位控制在没有数据传输时时钟的空闲状态电平，此位对主模式和从模式下的设备都有效。如果 CPOL 被清 0，则 SCK 引脚在空闲状态下保持低电平；如果 CPOL 被置 1，则 SCK 引脚在空闲状态下保持高电平。如果时钟相位（CPHA）位被置 1，SCK 时钟的第二个边沿（CPOL 位为 0 时就是下降沿，CPOL 位为 1 时就是上升沿）进行数据位的采样，数据在第二个时钟边沿被锁存。如果 CPHA 位被清 0，SCK 时钟的第一边沿（CPOL 位为 0 时就是上升沿，CPOL 位为 1 时就是下降沿）进行数据位采样，数据在第一个时钟边沿被锁存。也就是说，时钟极性（CPOL）和时钟相位（CPHA）的组合选择数据捕捉的时钟边沿。图 10-4 显示了 SPI 传输的四种 CPHA 位和 CPOL 位组合，此图可以解释为主设备和从设备的 SCK 引脚、MISO 引脚、MOSI 引脚直接连接的主或从时序图。

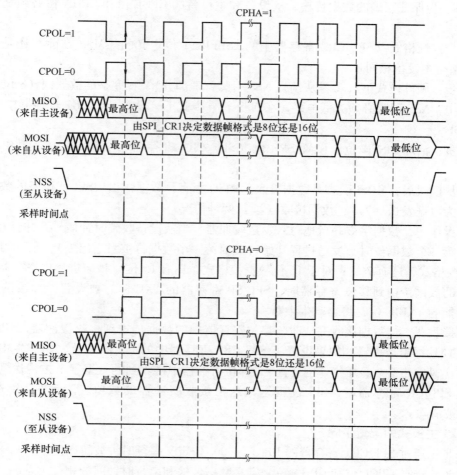

图 10-4　SPI 数据传输时序图

注意：①在改变 CPOL/CPHA 位之前，必须清除 SPE 位将 SPI 禁止；②主和从必须配置成相同的时序模式；③SCK 的空闲状态必须和 SPI_CR1 寄存器指定的极性一致（若 CPOL 为 1，空闲时应上拉 SCK 为高电平；若 CPOL 为 0，空闲时应下拉 SCK 为低电平）；④数据帧格式（8 位或 16 位）由 SPI_CR1 寄存器的 DFF 位选择，并且决定发送/接收的数据长度。

10.1.4　SPI 模式配置

STM32F103xx 使用 SPI 通信时，有从模式、主模式两种工作模式。当芯片被配置为 SPI 从模式时，SCK 引脚用于接收从主设备来的串行时钟，SPI_CR1 寄存器中 BR［2；0］的设置不影响数据传输速率。当被配置为主模式时，在 SCK 引脚产生串行时钟。

在主设备发送时钟之前最好使能 SPI 从设备，否则可能会发生意外的数据传输。在通信时钟的第一个边沿到来之前或正在进行的通信结束之前，从设备的数据寄存器必须就绪。在使能从设备和主设备之前，通信时钟的极性必须处于稳定的数值。

1. SPI 从模式的配置步骤

第一步：设置 DFF 位以定义数据帧格式为 8 位或 16 位。

第二步：选择 CPOL 位和 CPHA 位来定义数据传输和串行时钟之间的相位关系

（图 10-4）。为保证正确的数据传输，从设备和主设备的 CPOL 位和 CPHA 位必须配置成相同的方式。

第三步：帧格式（SPI_CR1 寄存器中的 LSBFIRST 位定义的"MSB 在前"还是"LSB 在前"）必须与主设备相同。

第四步：硬件模式下（参考从选择 NSS 引脚管理部分），在完整的数据帧（8 位或 16 位）传输过程中，NSS 引脚必须为低电平。在 NSS 软件模式下，设置 SPI_CR1 寄存器中的 SSM 位并清除 SSI 位。

第五步：清除 MSTR 位、设置 SPE 位（SPI_CR1 寄存器），使相应引脚工作于 SPI 模式下。

配置从模式后，MOSI 引脚是数据输入，MISO 引脚是数据输出。SPI 从设备的数据通信过程可以分为数据发送（写）、数据接收（读）两种情况。

在写操作中，数据字被并行地写入发送缓冲器。当从设备收到时钟信号，并且在 MOSI 引脚上出现第一个数据位时，发送过程开始（此时第一个数据位被发送出去）；余下的位（对于 8 位数据帧格式，还有 7 位；对于 16 位数据帧格式，还有 15 位）被装进移位寄存器。当发送缓冲器中的数据传输到移位寄存器时，SPI_SP 寄存器的 TXE 标志被设置，如果设置了 SPI_CR2 寄存器的 TXEIE 位，将会产生中断。

对于接收器，当数据接收完成时，移位寄存器中的数据传送到接收缓冲器，SPI_SR 寄存器中的 RXNE 标志被设置。如果设置了 SPI_CR2 寄存器中的 RXNEIE 位，则产生中断。在最后一个采样时钟边沿后，RXNE 位被置 1，移位寄存器中接收到的数据字节被传送到接收缓冲器。当读 SPI_DR 寄存器时，SPI 设备返回这个接收缓冲器的数值。读 SPI_DR 寄存器时，RXNE 位被清除。

2. SPI 主模式的配置步骤

第一步：通过 SPI_CR1 寄存器的 BR［2：0］位定义串行时钟波特率。

第二步：选择 CPOL 位和 CPHA 位来定义数据传输和串行时钟间的相位关系。

第三步：设置 DFF 位来定义 8 位或 16 位数据帧格式。

第四步：配置 SPI_CR1 寄存器的 LSBFIRST 位定义帧格式。

第五步：如果需要 NSS 引脚工作在输入模式，硬件模式下，在整个数据帧传输期间应把 NSS 引脚连接到高电平；在软件模式下，需设置 SPI_CR1 寄存器的 SSM 位和 SSI 位。如果 NSS 引脚工作在输出模式，则只需设置 SSOE 位。

第六步：必须设置 MSTR 位和 SPE 位（只有当 NSS 引脚被连到高电平，这些位才能保持置位）。

配置为主模式后，MOSI 引脚是数据输出，而 MISO 引脚是数据输入。同样地，下面分 SPI 主模式下的数据发送和数据接收两种情况来介绍。

当写入数据至发送缓冲器时，发送过程开始。在发送第一个数据位时，数据字被并行地（通过内部总线）传入移位寄存器，而后串行地移出到 MOSI 脚上；MSB 在先还是 LSB 在先，取决于 SPI_CR1 寄存器中的 LSBFIRST 位的设置。数据从发送缓冲器传输到移位寄存器时，TXE 标志将被置位，如果设置了 SPI_CR1 寄存器中的 TXEIE 位，将产生中断。

对于接收器，当数据传输完成时，传送移位寄存器里的数据到接收缓冲器，并且 RXNE 标志被置位；如果设置了 SPI_CR2 寄存器中的 RXNEIE 位，则产生中断。在最后采样时钟沿，RXNE 位被设置，在移位寄存器中接收到的数据字被传送到接收缓冲器。读 SPI_DR 寄存器时，SPI 设备返回接收缓冲器中的数据。读 SPI_DR 寄存器将清除 RXNE 位。

一旦传输开始，如果下一个将发送的数据被放进了发送缓冲器，就可以维持一个连续的传输流。在试图写发送缓冲器之前，需确认 TXE 标志为 1。

除了双工模式，SPI 还可以被配置为单工模式（节省一条数据线）。SPI 模块能够以两种配置工作于单工方式：1 条时钟线和 1 条双工数据线、1 条时钟线和 1 条数据线（只接收或只发送）。其数据收发的过程和双工模式类似，具体可以参考相应的数据手册。

10.1.5　性能特点

总结起来，STM32F103 微控制器的 SPI 通信方式具有以下特性：

1）3 线全双工同步传输。

2）带或不带第 3 根双向数据线的双线单工同步传输。

3）8 或 16 位传输帧格式选择。

4）主或从操作，支持多主模式。

5）8 个主模式波特率预分频系数（最大为 fPCLK/2）：从模式频率（最大为 fPCLK/2）。

6）主模式和从模式的快速通信。

7）主模式和从模式下均可以由软件或硬件进行 NSS 管理，主/从操作模式的动态改变。

8）可编程的时钟极性和相位；可编程的数据顺序，MSB 在前或 LSB 在前。

9）可触发中断的专用发送和接收标志。

10）SPI 总线忙状态标志。

11）支持可靠通信的硬件 CRC：在发送模式下，CRC 值可以被作为最后一个字节发送；在全双工模式中对接收到的最后一个字节自动进行 CRC 校验。

12）可触发中断的主模式故障、过载以及 CRC 错误标志。

13）支持 DMA 功能的 1 字节发送和接收缓冲器，产生发送和接受请求。

10.2　SPI 常用库函数

STM32F10x 的 SPI 相关库函数主要存放在标准库的"stm32f10x_spi. h"和"stm32f10x_spi. c"等文件中。"stm32f10x_spi. h"用来存放 SPI 相关的结构体、宏定义、库函数声明；"stm32f10x_spi. c"用来存放 SPI 库函数的定义。

"stm32f10x_spi. h"中定义了一个名为 SPI_InitTypeStruct 的结构体，如代码 10-1 所示。对于 SPI 通信参数的设置即可通过对 SPI_InitTypeStruct 结构体对应的成员赋值来实现。

代码 10-1　SPI_InitTypeStruct

```
1    typedef struct
2    {
3        uint16_t SPI_Direction;            //设置 SPI 通信类型,如:全双工模式
4        uint16_t SPI_Mode;                 //设置 SPI 主从模式
5        uint16_t SPI_DataSize;             //帧结构,如:8 位
6        uint16_t SPI_CPOL;                 //选择串行时钟的稳态
7        uint16_t SPI_CPHA;                 //数据捕获时钟沿
8        uint16_t SPI_NSS;                  //NSS 信号的管理方法
9        uint16_t SPI_BaudRatePrescaler;    //预分频
```

```
10    uint16_t SPI_FirstBit;              //数据传输起始位
11    uint16_t SPI_CRCPolynomial;         //CRC 值计算的多项式
12  } SPI_InitTypeDef;
```

10.2.1 SPI 常用的标准库函数

SPI 通信相关的操作可通过标准库函数来完成，常见的库函数见表 10-1。

表 10-1 SPI 库函数

函 数 名	描　　述
SPI_I2S_DeInit	将外设 SPIx 寄存器重设为默认值
SPI_Init	根据 SPI_InitStruct 中指定的参数初始化外设 SPIx 寄存器
SPI_StructInit	把 SPI_InitStruct 中的每一个参数按默认值填入
SPI_Cmd	使能或者失能 SPI 外设
SPI_ITConfig	使能或者失能指定的 SPI 中断
SPI_DMACmd	使能或者失能指定 SPI 的 DMA 请求
SPI_SendData	通过外设 SPIx 发送一个数据
SPI_ReceiveData	返回通过 SPIx 最近接收的数据
SPI_DMALastTransferCmd	使下一次 DMA 传输为最后一次传输
SPI_NSSInternalSoftwareConfig	为选定的 SPI 软件配置内部 NSS 引脚
SPI_SSOutputCmd	使能或者失能指定的 SPI
SPI_DataSizeConfig	设置选定的 SPI 数据大小
SPI_TransmitCRC	发送 SPIx 的 CRC 值
SPI_CalculateCRC	使能或者失能指定 SPI 的传输字 CRC 值计算
SPI_GetCRC	返回指定 SPI 的发送或者接收 CRC 寄存器值
SPI_GetCRCPolynomial	返回指定 SPI 的 CRC 多项式寄存器值
SPI_BiDirectionalLineConfig	选择指定 SPI 在双向模式下的数据传输方向
SPI_GetFlagStatus	检查指定的 SPI 标志位设置与否
SPI_ClearFlag	清除 SPIx 的待处理标志位
SPI_GetITStatus	检查指定的 SPI 中断发生与否
SPI_ClearITPendingBit	清除 SPIx 的中断待处理位

10.2.2 使用库函数进行 SPI 通信的一般步骤

假设使用 STM32 的 SPI2 的主模式进行通信，下面来看看使用库函数进行 SPI2 设置的步骤。

1. 配置相关引脚的复用功能，使能 SPI2 时钟

要用 SPI2，首先就要使能 SPI2 的时钟；其次要设置 SPI2 的相关引脚为复用输出，这样才会连接到 SPI2 上，否则这些 I/O 端口还是默认的状态，也就是标准输入输出口。假设使用的是 PB13、PB14、PB15（SCK、MISO、MOSI，CS 使用软件管理方式），需要将这三个 I/O 端口设置为复用模式。具体方法是：

GPIO_InitTypeDef GPIO_InitStructure;

RCC_APB2PeriphClockCmd（RCC_APB2Periph_GPIOB，ENABLE）;//PORTB 时钟使能
RCC_APB1PeriphClockCmd（RCC_APB1Periph_SPI2，ENABLE）;//SPI2 时钟使能
GPIO_InitStructure. GPIO_Pin = GPIO_Pin_13 ｜ GPIO_Pin_14｜GPIO_Pin_15;
GPIO_InitStructure. GPIO_Mode = GPIO_Mode_AF_PP;//PB13/14/15 推挽复用输出
GPIO_InitStructure. GPIO_Speed = GPIO_Speed_50MHz;
GPIO_Init（GPIOB,&GPIO_InitStructure）;//初始化 GPIOB

2. 初始化 SPI2，设置 SPI2 工作模式

接下来就是初始化 SPI2，设置 SPI2 为主机模式、数据格式为 8 位，设置 SCK 时钟极性及采样方式，并设置 SPI2 的时钟频率（最大 18MHz）以及数据的格式（MSB 在前或者 LSB 在前）。这在库函数中是通过 SPI_Init 函数来实现的：

voidSPI_Init（SPI_TypeDef * SPIx，SPI_InitTypeDef * SPI_InitStruct）;

跟其他外设初始化类似，第 1 个参数是 SPI 标号，这里使用的是 SPI2。下面来看看第 2 个参数，结构体类型 SPI_InitTypeDef 的定义如前面代码 10-1 所示。此结构体成员变量较多，下面介绍几个比较重要的参数：

第 1 个参数 SPI_Direction 用来设置 SPI 的通信方式，可以选择为半双工、全双工，以及串行发或串行收方式，这里选择全双工模式 SPI_Direction_2Lines_FullDuplex。

第 2 个参数 SPI_Mode 用来设置 SPI 的主从模式，这里设置为主机模式 SPI_Mode_Master，当然也可以选择从机模式 SPI_Mode_Slave。

第 3 个参数 SPI_DataSiz 为 8 位还是 16 位帧格式选择项，这里使用 8 位传输，选择 SPI_DataSize_8b。

第 4 个参数 SPI_CPOL 用来设置时钟极性，这里设置串行同步时钟的空闲状态为高电平，所以选择 SPI_CPOL_High。

第 5 个参数 SPI_CPHA 用来设置时钟相位，也就是选择在串行同步时钟的第几个跳变沿（上升或下降）数据被采样，可以为第 1 个或者第 2 个跳变沿采集，这里选择第 2 个跳变沿，即 SPI_CPHA_2Edge。

第 6 个参数 SPI_NSS 用来设置 NSS 信号由硬件（NSS 引脚）还是软件控制，这里通过软件控制 NSS 而不是硬件自动控制，所以选择 SPI_NSS_Soft。

第 7 个参数 SPI_BaudRatePrescaler 很关键，是设置 SPI 波特率预分频值，也就是决定 SPI 的时钟的参数，从不分频到 2、4、8、16、32、64、128、256 等有多个波特率预分频值可选。初始化时选择 256 分频值 SPI_BaudRatePrescaler_256，传输频率为 36MHz/256 = 140.625kHz。

第 8 个参数 SPI_FirstBit 用来设置数据传输顺序是 MSB 位在前还是 LSB 位在前，这里选择 SPI_FirstBit_MSB 高位在前。

第 9 个参数 SPI_CRCPolynomial 用来设置 CRC 校验多项式，提高通信可靠性，大于 1 即可。

设置好上面九个参数，就可以初始化 SPI 外设了。初始化的示例代码如下：

SPI_InitTypeDef SPI_InitStructure;
SPI_InitStructure. SPI_Direction = SPI_Direction_2Lines_FullDuplex;//双线双向全双工
SPI_InitStructure. SPI_Mode = SPI_Mode_Master;//主 SPI
SPI_InitStructure. SPI_DataSize = SPI_DataSize_8b;// SPI 发送接收 8 位帧结构
SPI_InitStructure. SPI_CPOL = SPI_CPOL_High;//串行同步时钟的空闲状态为高电平
SPI_InitStructure. SPI_CPHA = SPI_CPHA_2Edge;//第二个跳变沿数据被采样

SPI_InitStructure. SPI_NSS = SPI_NSS_Soft；//NSS 信号由软件控制

SPI_InitStructure. SPI_BaudRatePrescaler = SPI_BaudRatePrescaler_256；//预分频 256

SPI_InitStructure. SPI_FirstBit = SPI_FirstBit_MSB；//数据传输从 MSB 位开始

SPI_InitStructure. SPI_CRCPolynomial = 7；//CRC 值计算的多项式

SPI_Init(SPI2,&SPI_InitStructure)；//根据指定的参数初始化外设 SPIx 寄存器

3. 使能 SPI2

初始化完成之后需要使能 SPI2 通信，在使能 SPI2 之后，就可以开始 SPI 通信了。使能 SPI2 的方法是：

SPI_Cmd(SPI2,ENABLE)；//使能 SPI 外设

4. SPI 传输数据

通信接口需要有发送数据和接收数据的函数，固件库提供的发送数据的函数原型为：

void SPI_I2S_SendData(SPI_TypeDef * SPIx,uint16_t Data)；

该函数很好理解，向 SPIx 数据寄存器写入数据，从而实现发送。

固件库提供的接收数据的函数原型为：

uint16_t SPI_I2S_ReceiveData(SPI_TypeDef * SPIx)；

该函数从 SPIx 数据寄存器读出接收到的数据。

5. 查看 SPI 传输状态

在 SPI 传输过程中，经常要判断数据是否传输完成，发送区是否为空等状态。这是通过函数 SPI_I2S_GetFlagStatus 实现的，判断发送是否完成的方法是：

SPI_I2S_GetFlagStatus(SPI2,SPI_I2S_FLAG_RXNE)；

到此就完成了使用库函数进行 SPI2 设置的步骤，接下来通过一个实际案例来学习 STM32F103xx 使用 SPI 通信的方法。

10.3 应用案例：SPI 控制 74HC595

10.3.1 案例目标

使用 STM32F103R6 通过 74HC595 控制一位 LED 数码管，实现以下两个要求：

1）数码管从 0 到 9 循环显示。

2）STM32F103R6 和 74HC595 之间采用 SPI 方式通信。

10.3.2 仿真电路设计

本项目中，STM32F103R6 通过 74HC595 控制一位七段数码管显示数字，先介绍七段数码管的显示原理和 74HC595 的使用方法，再介绍本项目的 Proteus 硬件仿真电路设计步骤。

数码管的显示原理示意如图 10-5 所示，数码管有 9 条线和外部相连。其中，8 条数据线分别控制数码管的 D0 ~ D7 码段、代表小数点 D7 码段（一个小圆）；还有一条线接电源或者地（取决于数码管是共阳还是共阴）。因此，通过改变 D0 ~ D7 连线上的电平高低，就可以实现对数码管相应码段的亮灭。

若是共阳数码管，则共线接电源，码段的控制线为 0 才能使该码段导通而点亮。以显示 0 为例，需要点亮 D0、D1、D2、D3、D4、D5，而 D6、D7 熄灭，所以 D0 ~ D5 为低电平（即

0），D6、D7 为高电平（即 1）；也就是 D0～D7 线上输入的是二进制数"1100 0000"，即十六进制的 0xC0。类似方法，可以得到显示从 0～9 数字的 D0～D7 数据线上应该输入的二进制和十六进制的值。

74HC595 的作用是将串行信号转换成并行信号，这样可以节省主控芯片上的很多引脚。如图 10-6 所示，主控芯片上的数据通过 DS 串行地输入到 74HC595 中，待传送完成后，74HC595 通过 Q0～Q7 一次性并行输出。这样通过 74HC595，主控芯片就通过串行的方式实现了对外围器件的并行输出，节省了主控芯片上宝贵的 I/O 资源。

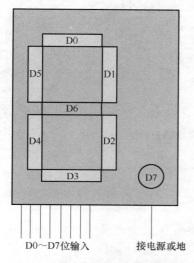

图 10-5　数码管显示原理示意图

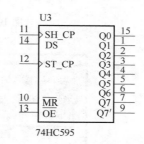

图 10-6　74HC595 引脚图

在某一个时刻，74HC595 上具体是串行接收数据还是并行输出数据，是通过 SH_CP、ST_CP 引脚控制的，串行数据接收完成后给 ST_CP 引脚一个上升沿，74HC595 就会将本次接收到的串行数据一次并行输出。

理解了七段码、74HC595 的工作原理之后，就可以设计 Proteus 的电路图，最终连线图如图 10-7 所示。

有以下几点需要特别说明：

1）数码管 7SEG-MPX1-CA 的添加方法。在 Proteus 的元器件选择对话框中搜索 7SEG-MPX1-CA 并添加到本项目的元器件列表，这是一个共阳的一位数码管，其连线方式如图 10-7 所示。

2）排阻 RN1 的添加方法。数码管的 8 个码段（其中一个小数点）上都要接限流电阻，可以通过连接排阻来实现。在 Proteus 的元器件选择对话框中搜索添加 RES16DIPIS，拖动到电路原理图中命名为 RN1，此排阻共有 8 个阻值相同的电阻，两边一共有 16 个引脚分别接 7SEG-MPX1 和 74HC595，双击 RN1 调出属性设置对话框将它的阻值设置为 220Ω。

3）74HC595 的添加方法。在 Proteus 的元器件选择对话框搜索 74HC595 并添加到原理图中，74HC595 的 Q0～Q7 引脚通过排阻 RN1 和数码管的控制引脚相连。其他引脚连接如图 10-7 所示。

4）3.3V 电源的添加方法。在"Design"菜单中选择"Configure Power Rails"子菜单调出"Power Rail Configuration"对话框，将电源名称改为 VCC/VDD，然后将左侧没有连接的 3.3V 电源添加到右侧，如图 10-8 所示。

193

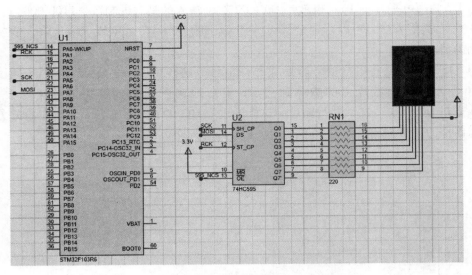

图 10-7   Proteus 仿真电路原理图

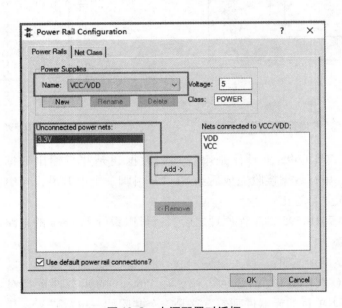

图 10-8   电源配置对话框

5）连接点和连接线标签（Label）的添加方法。74HC595 和 STM32F103R6 的连接是通过连接线的 Label 来实现的。具体方法为：在左侧工具栏中单击 **LBL** 图标，鼠标指针会变成铅笔形状，之后移动到需要添加 Label 的连接线上单击弹出"线标编辑"对话框（Edit Wire Label），在 String 编辑框输入线标，将想要连接的两个点处的线标命名相同即实现了它们的相互连接。如图 10-7 所示，74HC595 的 SH_CP、DS、ST_CP、OE 分别实现了和 PA5、PA7、PA1、PA0 的连接。

至此就完成了项目的仿真电路设计，因为只通过 STM32F103R6 向 74HC595 输出数据实现对数码管的控制，并不需要从 74HC595 采集数据，所以 74HC595 只通过 MOSI 连接 STM32F103R6 即可，显然 STM32F103R6 是 SPI 通信的主机。

10.3.3　代码实现

　　按照前面章节介绍的方法，在模板工程的基础上创建 MDK 工程 Pro10。在工程的"BSP"目录中添加"bsp. h""bsp. c""segment. h""segment. c""spi. h"和"spi. c"，使用"Manage Project Items"对话框将其中的"＊. c"文件加入到"BSP"组中。在"FWLIB"中引入标准库文件"stm32f10x_gpio. c""stm32f10x_rcc. c"和"stm32f10x_spi. c"。其工程结构如图 10-9 所示。

　　与前面工程类似，"USER"目录中还要添加"includes. h"和"vartypes. h"等文件。下面分别对每个重要的文件进行解释。

　　添加"bsp. h"和"bsp. c"文件。将工程中各个模块的初始化等操作集中在一起，main 函数中可以一次性调用，使得工程结构更加清晰。如代码 10-2、代码 10-3 所示。

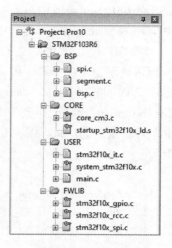

图 10-9　工程结构

代码 10-2　bsp. h

```
1    //filename:bsp. h
2    #ifndef _BSP_H
3    #define _BSP_H
4
5    #include "includes. h"
6
7    void RCC_Configuration(void);
8    void BSP_Init(void);
9
10    #endif
11
```

代码 10-3　bsp. c

```
1    //filename:bsp. c
2    #include "includes. h"
3
4    void RCC_Configuration(void)
5    {
6      RCC_APB2PeriphClockCmd(RCC_APB2Periph_GPIOA,ENABLE);
7      RCC_APB2PeriphClockCmd(RCC_APB2Periph_SPI1,ENABLE);
8    }
9
10    void BSP_Init(void)
11    {
12      SPI1_Init();
13      SEG_Init();
14    }
15
```

本项目只需要 SPI 通信的配置和控制模块 SPI、数码管显示的控制模块 SEGMENT 即可，所以在 BSP_Init 函数中只需要调用 SPI 和 SEGMENT 的初始化函数，而 APB2 时钟的配置全部放在 RCC_Configuration 函数中实现。

　　SEGMENT 模块中定义了三个子函数：①SEG_Init( ) 初始化 74HC595 的 NCS（OE）引脚和 RCK（ST_CP）引脚，因为只有一个 SPI 从模块，所以在初始化时直接将 NCS 置为 0 即可；②SEG_Display（Int16U data）函数，用来将需要显示的数字 data 调用 SPI 模块中的 SPI1_ReadWriteByte 函数输出到 74HC595 中，而输出的具体数值由数组 NumberTube_TAB 的第 data 位元素决定；③Delay_Ms（Int16U time）函数，延时函数。具体实现如代码 10-4、代码 10-5 所示。

代码 10-4　　segment. h

```
1    //filename:segment. h
2    #ifndef _SEGMENT_H
3    #define _SEGMENT_H
4
5    #include "includes. h"
6
7    void SEG_Init(void);
8    void SEG_Display(Int16U data);
9    void Delay_Ms(Int16U time);
10
11   #endif
12
```

代码 10-5　　segment. c

```
1    //filename:segment. c
2    #include "includes. h"
3
4    #define HC595_NCS    GPIO_Pin_0        //HC595_NCS = PA0
5    #define HC595_RCK    GPIO_Pin_1        //HC595_RCK = PA1
6
7    Int08U constNumberTube_TAB[10] = {0xC0,0xF9,0xA4,0xB0,0x99,0x92,0x82,0xF8,0x80,
     0x90};//数码管 0~9
8
9    void SEG_Init(void)
10   {
11      GPIO_InitTypeDef GPIO_InitStructure;
12
13      GPIO_InitStructure. GPIO_Pin = HC595_NCS|HC595_RCK;
14      GPIO_InitStructure. GPIO_Speed = GPIO_Speed_10MHz;
15      GPIO_InitStructure. GPIO_Mode = GPIO_Mode_Out_PP;
16      GPIO_Init(GPIOA,&GPIO_InitStructure);
17
18      GPIO_ResetBits(GPIOA,HC595_NCS);
19   }
20
```

```
21   void SEG_Display(Int16U data)
22   {
23     if(data >= 10)data = data%10;//保证 data 在 0 ~9 之间
24
25     GPIO_ResetBits(GPIOA,HC595_RCK);
26     SPI1_ReadWriteByte(NumberTube_TAB[data]);
27     GPIO_SetBits(GPIOA,HC595_RCK);
28     Delay_Ms(300);
29   }
30
31   void Delay_Ms(Int16U time)    //延时函数
32   {
33     u16i,j;
34     for(i = 0;i < time;i ++)
35     for(j = 1000;j > 0;j -- );
36   }
37
```

SPI 模块中只有两个子函数：①SPI1_Init(void)，对本项目使用的 SPI1 模块进行初始化；②SPI1_ReadWriteByte（Int08U TxData），通过 SPI1 读取或发送数据。注意：对于本项目只需要通过 SPI1 模块发送数据，而不需要从 SPI1 接收数据，但是为了 SPI 模块更具有通用性，这里将 SPI 模块的第 2 个子函数设计为读写通用，以提升该模块的复用性。具体实现如代码 10-6、代码 10-7 所示。

代码 10-6　spi. h

```
1    //filename:spi. h
2    #ifndef __SPI_H
3    #define __SPI_H
4    #include " includes. h"
5
6    void SPI1_Init(void);              //初始化 SPI 口
7    Int08U SPI1_ReadWriteByte(Int08UTxData);//SPI 总线读写一个字节
8
9    #endif
10
```

代码 10-7　spi. c

```
1    //filename:spi. c
2    #include " includes. h"
3
4    SPI_InitTypeDef   SPI_InitStructure;
5
6    void SPI1_Init(void)
7    {
8      GPIO_InitTypeDef GPIO_InitStructure;
9      GPIO_InitStructure. GPIO_Pin = GPIO_Pin_5 | GPIO_Pin_7;
```

```
10    GPIO_InitStructure. GPIO_Mode = GPIO_Mode_AF_PP;//推挽复用输出
11    GPIO_InitStructure. GPIO_Speed = GPIO_Speed_10MHz;
12    GPIO_Init( GPIOA,&GPIO_InitStructure);
13
14    GPIO_SetBits( GPIOA,GPIO_Pin_5|GPIO_Pin_6|GPIO_Pin_7);
15
16    SPI_InitStructure. SPI_Direction = SPI_Direction_1Line_Tx;//单发
17    SPI_InitStructure. SPI_Mode = SPI_Mode_Master; //设置为主 SPI
18    SPI_InitStructure. SPI_DataSize = SPI_DataSize_8b;//发送接收 8 位
19    SPI_InitStructure. SPI_CPOL = SPI_CPOL_High; //时钟稳态:时钟悬空高
20    SPI_InitStructure. SPI_CPHA = SPI_CPHA_2Edge;//数据捕获第 2 时钟沿
21    SPI_InitStructure. SPI_NSS = SPI_NSS_Soft;   //NSS 信号由硬件( NSS 引脚)还是软件(使
      用 SSI 位)管理:内部 NSS 信号由 SSI 位控制
22    SPI_InitStructure. SPI_BaudRatePrescaler = SPI_BaudRatePrescaler_256;//定义波特率预分
      频的值:波特率预分频值为 256
23
24
25    SPI_InitStructure. SPI_FirstBit = SPI_FirstBit_MSB;   //指定数据传输从 MSB 位还是 LSB
      位开始:数据传输从 MSB 位开始
26    SPI_InitStructure. SPI_CRCPolynomial = 7;   //CRC 值计算的多项式
27    SPI_Init( SPI1,&SPI_InitStructure);   //根据 SPI_InitStruct 中指定的参数初始化外设 SPIx
      寄存器
28    SPI_Cmd( SPI1,ENABLE);//使能 SPI 外设
29   }
30
31    Int08U SPI1_ReadWriteByte( Int08U TxData)
32   {
33    u8 retry = 0;
34    while ( SPI_I2S_GetFlagStatus( SPI1,SPI_I2S_FLAG_TXE) == RESET)
35    {
36      retry ++;
37      if( retry > 200) return 0;
38    }
39    SPI_I2S_SendData( SPI1,TxData); //通过外设 SPIx 发送一个数据
40    retry = 0;
41    while ( SPI_I2S_GetFlagStatus( SPI1,SPI_I2S_FLAG_RXNE) == RESET)
42    {
43      retry ++;
44      if( retry > 200) return 0;
45    }
46    return SPI_I2S_ReceiveData( SPI1);
47   }
48
```

本项目的 "includes. h" "vartypes. h" 等头文件和前面章节中的类似，此处不再重复讲解。

代码 10-8 为本项目的 main 函数，函数开始调用 BSP 模块中的 RCC_Configuration 和 BSP_Init 函数对 APB2 时钟、PA 端口、SPI 通信参数等进行初始化；然后，在 while 无限循环中，反复将从 0 开始自增的 data 发送到 74HC595，如果 data≥10，则将 data 重新赋值为 0。

代码 10-8　main. c

```
1    //filename:main. c
2    #include "includes. h"
3
4    int main(void)
5    {
6      Int16U data = 0;
7      RCC_Configuration();
8      BSP_Init();
9
10     while(1)
11     {
12       if(data >= 10) data = 0;
13       SEG_Display(data);
14       data ++;
15     }
16   }
17
```

至此，本项目的软件和 Proteus 硬件仿真全部完成。项目实现了一个简单的功能，STM32F103R6 通过内部的 SPI1 反复向 74HC595 发送 NumberTube_TAB[0] ~ NumberTube_TAB[9] 的值，74HC595 每串行接收完一组数后，即并行通过 Q0 ~ Q7 发送给 7SEG-MAX1-CA。

10.3.4　仿真运行结果

将编译生成的"Pro10. hex"文件导入 Proteus 的 STM32F103R6 中，单击左下方的运行按钮运行仿真工程。运行成功后，电路中的数码管会从 0 ~9 循环重复滚动显示，如图 10-10 所示。

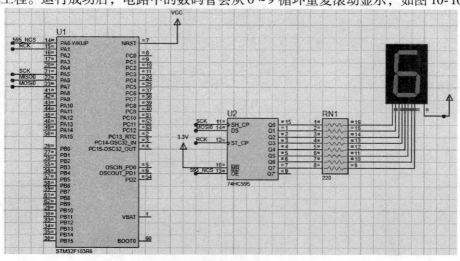

图 10-10　Proteus 仿真运行结果

10.4　小结

本章主要内容为 STM32F103xx 的 SPI 通信，介绍了 SPI 通信的基本原理，包括 SPI 物理连接、SPI 互连方式、时序图、模式配置、性能特点等。此外，本章还介绍了 STM32F10x 使用标准库函数进行 SPI 通信的一般方法。

最后，通过一个控制数码管的应用案例演示了 STM32F103R6 通过 SPI 模块向外设发送数据的方法，并给出了详细的示例代码。

10.5　习题

1. 简述 SPI 的工作原理。
2. SPI 通信有几个接口？分别有什么作用？
3. SPI 通信有哪些优点？
4. 简述 SPI 的使用流程。
5. 简述 SPI "一主一从" 和 "一主多从" 两种互连方式的不同之处。
6. 简述 74HC595 的作用。
7. 如何用 STM32F103R6 控制 4 位数码管？

第 11 章　模/数转换器（ADC）

📥 **本章目标**

- 了解 ADC 的概念
- 掌握 STM32F103xx 中 ADC 的结构和功能
- 掌握 ADC 的配置方法
- 掌握使用库函数编程进行单通道电压信号采集的方法

　　ADC（Analog to Digital Converter），即模/数转换器。在模拟信号需要以数字形式处理、存储或传输时，ADC 必不可少。STM32 在片上集成的 ADC 外设非常强大。在 STM32F103xC、STM32F103xD 和 STM32F103xE 增强型产品，内嵌三个 12 位的 ADC，每个 ADC 共用多达 21 个外部通道，可以实现单次或多次扫描转换。

　　本章主要在分析 ADC 一般工作原理的基础上，介绍如何使用标准库函数操作 STM32 的 ADC，最后给出一个实际案例演示 ADC 的使用方法。

11.1　ADC 原理概述

　　模/数转换器（ADC）通常是指一个将模拟信号转变为数字信号的电子元件。通常来讲，模/数转换器是把经过与标准量比较处理后的模拟量转换成以二进制数值表示的离散信号的转换器。现实世界中，人们要处理的很多物理量都是连续的模拟量（如温度、湿度、压力等），嵌入式系统在对这些量进行处理的时候会想办法把它们变成可测量的电气属性（如温度传感器随着温度变化阻值会跟着变化），而这些电气属性的变化最终会由其电压或电流的变化来测量，而测量到的电压信号也是连续的模拟信号，如果想要被嵌入式系统的 CPU 处理还需要转变为数字信号，这个从模拟信号到数字信号的转换就是由 ADC 来完成的。

　　因此任何一个模/数转换器都需要一个参考模拟量作为转换的标准，比较常见的参考标准为最大的可转换信号大小。而输出的数字量则表示输入信号相对于参考信号的大小。

11.1.1　ADC 概述

　　整个 ADC 的流程一般会经过采样、保持、量化和编码几个阶段，而根据工作原理的不同，ADC 可分成间接 ADC 和直接 ADC。间接 ADC 是先将输入模拟电压转换成时间或频率，然后再把这些中间量转换成数字量，常用的有双积分型 ADC。直接 ADC 则直接转换成数字量，常用的有并联比较型 ADC 和逐次逼近型 ADC。

1）双积分型 ADC：它先对输入采样电压和基准电压进行两次积分，获得与采样电压平均值成正比的时间间隔，同时用计数器对标准时钟脉冲计数。它的优点是抗干扰能力强，稳定性好；而缺点是转换速度低。

2）并联比较型 ADC：采用各量级同时并行比较，各位输出码也是同时并行产生，所以转换速度快。并联比较型 ADC 的缺点是成本高、功耗大。

3）逐次逼近型 ADC：它产生一系列比较电压 VR，但它是逐个产生比较电压，逐次与输入电压分别比较，以逐渐逼近的方式进行模/数转换。它比并联比较型 ADC 的转换速度慢，比双分积型 ADC 要快得多，属于中速 ADC 器件。

除了 ADC 类型，还需要关注 ADC 的分辨率、转换时间、参考电压范围这几个技术指标。分辨率是指 ADC 能够分辨量化的最小信号的能力，分辨率用二进制位数表示。例如，一个 10 位的 ADC，其所能分辨的最小量化电平为参考电平（满量程）的 $1/2^{10}$。即分辨率越高，就能把满量程里的电平分出更多的份数，得到的转换结果就越精确，得到的数字信号再用数/模转换器（DAC）转换回去就越接近原输入的模拟值。在下一小节将详细介绍参考电压、转换时间。

11.1.2 ADC 的结构及其工作模式

1. ADC 的结构

一个完整的 ADC 由多个器件构成，结构如图 11-1 所示。图中，ADC 所有的器件都是围绕中间的模/数转换器（ADC）展开的。它的左端为 V_{REF+}、V_{REF-} 等 ADC 参考电压，ADCx_IN0 ~ ADCx_IN15 为 ADC 的输入信号通道，在 STM32 芯片上表现为某些 GPIO 引脚。输入信号经过这些通道被送到 ADC 部件，ADC 部件需要收到触发信号才开始进行转换，如 EXTI 外部触发、定时器触发或软件触发。ADC 部件接收到触发信号之后，在 ADCCLK 时钟的驱动下对输入通道的信号进行采样并进行模/数转换，其中 ADCCLK 是来自 ADC 预分频器的。ADC 部件转换后的数值被保存到一个 16 位的规则通道数据寄存器（或注入通道数据寄存器）之中，可以通过 CPU 指令或 DMA 把它读取到内存（编码过程中就是把它赋给设置的某个变量）中。模/数转换之后，可以触发 DMA 请求，或者触发 ADC 的转换结束事件。如果配置了模拟看门狗，并且采集得到的电压大于阈值，会触发看门狗中断。根据 STM32 中 ADC 的这些特点，通过编写控制程序可以让嵌入式系统完成很多灵活的任务。

2. ADC 的工作模式

（1）ADC 电源 ADC 的参考电压是通过 V_{REF+} 和 V_{REF-} 提供的。引脚数 100 以上的型号才有 ADC 参考电压引脚，其余型号的 ADC 参考电压使用芯片内部参考电压，没有引到片外。参考电压是 A/D 转换的比较基准，为了保证 A/D 转换结果的准确性，对参考电压的准确性和稳定性要求都比较高。表 11-1 列出了 ADC 电源引脚含义及说明。

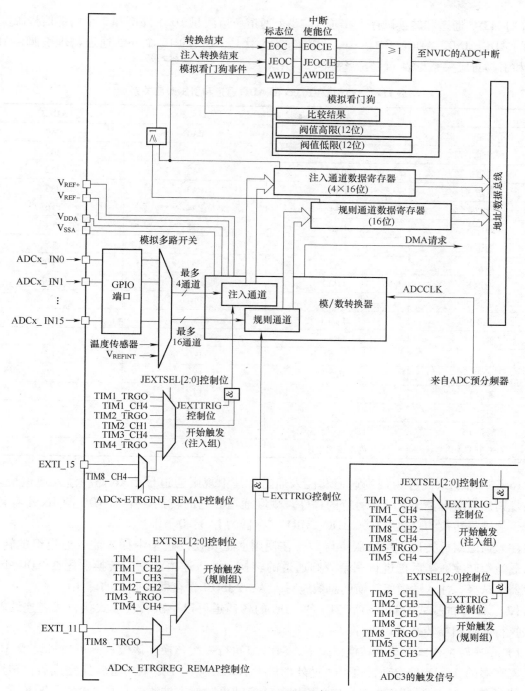

图 11-1 ADC 的架构图

表 11-1 STM32F103xx 的 ADC 电源引脚含义及说明

名　称	信　号　类　型	说　明
V_{REF+}	输入，模拟参考正极	ADC 参考电压正极，$2.4V \leqslant V_{REF+} \leqslant V_{DDA}$
V_{DDA}	输入，模拟电源	等效于 V_{DD} 的模拟电源，且 $2.4V \leqslant V_{DDA} \leqslant V_{DD}$（3.6V）
V_{REF-}	输入，模拟参考负极	ADC 参考电压负极，$V_{REF-} = V_{SSA}$
V_{SSA}	输入，模拟电源地	等效于 V_{SS} 的模拟电源地

（2）ADC 通道和转换顺序　　ADC 有 18 个通道，可测量 16 个外部和 2 个内部信号源。框图中的 ADCx_IN0、ADCx_IN1、…、ADCx_IN15 就是 ADC 的 16 个外部通道物理引脚，ADC 通道和引脚对应关系见表 11-2。

表 11-2　STM32F103xx 的 ADC 通道和引脚对应关系

	ADC1	ADC2	ADC3
通道 0	PA0	PA0	PA0
通道 1	PA1	PA1	PA1
通道 2	PA2	PA2	PA2
通道 3	PA3	PA3	PA3
通道 4	PA4	PA4	PF6
通道 5	PA5	PA5	PF7
通道 6	PA6	PA6	PF8
通道 7	PA7	PA7	PF9
通道 8	PB0	PB0	PF10
通道 9	PB1	PB1	
通道 10	PC0	PC0	PC0
通道 11	PC1	PC1	PC1
通道 12	PC2	PC2	PC2
通道 13	PC3	PC3	PC3
通道 14	PC4	PC4	
通道 15	PC5	PC5	
通道 16	内部温度传感器		
通道 17	内部参照电压		

16 个外部通道又分为规则通道和注入通道，其中规则通道最多 16 路，注入通道最多 4 路。规则通道组可类比于顺序运行的程序。规则通道和它的转换顺序在 ADC_SQRx 寄存器中选择，规则组转换的总数应写入 ADC_SQR1 寄存器的 L［3：0］中。

注入通道组可类比于中断服务函数，在规则通道转换的过程中插入注入通道组的转换，注入通道组转换完毕后再进行剩余规则通道的转换。注入通道和它的转换顺序在 ADC_JSQR 寄存器中选择，注入通道组转换的总数应写入 ADC_JSQR 寄存器的 L［1：0］中。

（3）ADC 的模式控制　　STM32F1 的 ADC 的各通道可以单次转换模式执行或者连续转换模式执行或者扫描转换模式执行。

1）单次转换模式。单次转换模式下，ADC 只执行一次转换。该模式既可通过设置 ADC_CR2 寄存器的 ADON 位启动，也可通过外部触发启动。当一个规则通道转换完成后：转换数据被储存在 16 位 ADC_DR 寄存器中，EOC（转换结束）标志被置位，如果设置了 EOCIE，则产生中断；当一个注入通道转换完成后：转换数据被储存在 16 位的 ADC_DRJ1 寄存器中，JEOC（注入转换结束）标志被置位，如果设置了 JEOCIE 位，则产生中断。

2）连续转换模式。在连续转换模式中，当前一通道转换完成，马上就启动下一通道的转换。此模式可通过设置 ADC_CR2 寄存器上的 ADON 位启动或通过外部触发启动。当一个规则通道转换完成后：转换数据被储存在 16 位的 ADC_DR 寄存器中，EOC（转换结束）标志被设置，如果设置了 EOCIE，则产生中断；当一个注入通道转换完成后：转换数据被储存在 16 位的

ADC_DRJ1 寄存器中，JEOC（注入转换结束）标志被设置，如果设置了 JEOCIE 位，则产生中断。

3）扫描转换模式。此模式用来扫描一组模拟通道。扫描模式可通过设置 ADC_CR1 寄存器的 SCAN 位来选择。一旦这个位被设置，ADC 扫描所有被 ADC_SQRX 寄存器（对规则通道）或 ADC_JSQR（对注入通道）选中的所有通道。在每个组的每个通道上执行单次转换，在每个转换结束时，同一组的下一个通道被自动转换。如果设置了 CONT 位，转换不会在选择组的最后一个通道上停止，而是再次从选择组的第一个通道继续转换。如果设置了 DMA 位，在每次转换结束（EOC）后，DMA 控制器会把规则组通道的转换数据传输到 SRAM 中。而注入通道转换的数据总是存储在 ADC_JDRx 寄存器中。

（4）转换时间　ADC 输入时钟 ADC_CLK 由 PCLK2（APB2 时钟）经过分频产生。ADC 时钟不能超过 14MHz，否则可能导致转换结果不准确。ADC 使用若干个 ADC_CLK 周期对输入电压进行采样，采样周期数目可以通过 ADC_SMPR1 和 ADC_SMPR2 寄存器中的 SMP[2：0] 位设置。每个通道可以分别用不同的时间采样。

总转换时间按下式计算：

$$T_{CONV} = 采样时间 + 12.5 \ 个周期$$

例如，当 ADC_CLK = 14MHz，采样时间为 1.5 周期，则

$$T_{CONV} = 1.5 + 12.5 = 14 \ 周期 = 1 \mu s$$

11.2　ADC 库函数

ADC 库函数集中在 "stm32f10x_adc.c" 文件中，开发中常用到的库函数包括初始化函数、使能函数、软件转换函数、规则通道配置函数、获取转换结果函数等。

11.2.1　ADC 常用库函数

1. 初始化函数

初始化函数为：

void ADC_Init(ADC_TypeDef ∗ ADCx, ADC_InitTypeDef ∗ ADC_InitStruct);

其作用是：配置 ADC 模式、扫描模式、单次连续模式、外部触发方式、对齐方式、规则序列长度。

2. 使能函数

使能函数为：

void ADC_Cmd(ADC_TypeDef ∗ ADCx, FunctionalState NewState);

其作用是：配置 ADC 使能。

3. 软件转换函数

软件转换函数为：

void ADC_SoftwareStartConvCmd(ADC_TypeDef ∗ ADCx, FunctionalState NewState);

其作用是：ADC 使能软件转换（在 ADC_Init 函数中，外部触发方式选择 none）。

4. 规则通道配置函数

规则通道配置函数为：

void ADC_RegularChannelConfig(ADC_TypeDef ∗ ADCx, uint8_t ADC_Channel, uint8_t Rank, uint8_t ADC_SampleTime);

其作用是：配置某个 ADC 控制器的某个通道以某种采样率置于规则组的某一位（对应函数的四个参数：ADC 控制器名、ADC 通道名、规则组的第 n 个、采样率）。

5. 获取转换结果函数

获取转换结果函数为：

uint16_t ADC_GetConversionValue(ADC_TypeDef ∗ ADCx) ;

其作用是：获得某个 ADC 控制器的软件转换结果。

11.2.2 利用库函数设置和使用 ADC 的一般步骤

ADC 使用到的库函数分布在"stm32f10x_adc.c"文件和"stm32f10x_adc.h"文件中。ADC 设置和使用一般可以总结为如下几个步骤：

1. 开启 PA 口和 ADC1 时钟，设置 PA 1 为模拟输入

STM32F103xx 的 ADC 通道 1 在 PA1 上，所以先要使能 PORTA 的时钟，然后设置 PA1 为模拟输入。使能 GPIOA 和 ADC 时钟用 RCC_APB2PeriphClockCmd 函数，设置 PA1 的输入方式则使用 GPIO_Init 函数即可。STM32F103xx 的 ADC 通道与 GPIO 对应关系可查阅表 11-2。

```
1  RCC_APB2PeriphClockCmd( RCC_APB2Periph_GPIOA | RCC_APB2Periph_ADC1, ENABLE ) ;//
   使能 ADC1,GPIOA 时钟
2  GPIO_InitStructure. GPIO_Pin = GPIO_Pin_1 ;//指定引脚
3  GPIO_InitStructure. GPIO_Mode = GPIO_Mode_AIN ; //模拟输入
4  GPIO_Init( GPIOA, &GPIO_InitStructure ) ; //初始化 GPIOA
```

2. 初始化 ADC1 参数，设置 ADC1 的工作模式以及规则序列的相关信息

设置单次转换模式、触发方式选择、数据对齐方式等都在这一步实现。这些在库函数中是通过函数 ADC_ Init 实现的，其定义为：

void ADC_Init(ADC_TypeDef ∗ ADCx, ADC_InitTypeDef ∗ ADC_InitStruct) ;

从函数定义可以看出，第 1 个参数是指定 ADC 号；第 2 个参数是通过设置结构体成员变量的值来设定参数。库函数设置代码如下：

```
1  ADC_InitTypeDef ADC_InitStructure;//ADC 初始化结构体变量
2  ADC_InitStructure. ADC_Mode = ADC_Mode_Independent;//ADC1 和 ADC2 工作在独立模式
3  ADC_InitStructure. ADC_ScanConvMode = DISABLE; //单通道
4  ADC_InitStructure. ADC_ContinuousConvMode = ENABLE;//ADC 转换工作在连续模式
5  ADC_InitStructure. ADC_ExternalTrigConv = ADC_ExternalTrigConv_None;//由软件控制转换,
   不使用外部触发
6  ADC_InitStructure. ADC_DataAlign = ADC_DataAlign_Right;//转换数据右对齐
7  ADC_InitStructure. ADC_NbrOfChannel = 1;//转换通道数为 1
8  ADC_Init( ADC1, &ADC_InitStructure ) ; //初始化 ADC
```

3. 设置 ADC1 分频因子，确定工作时钟

分频因子要确保 ADC1 的时钟（ADCCLK）不要超过 14MHz。这里设置分频因子为 8，时钟为 72MHz/8 = 9MHz，库函数的实现方法是：

```
1  RCC_ADCCLKConfig( RCC_PCLK2_Div8 );//配置 ADC 时钟为 CLK2 的 8 分频,72MHz/8 = 9MHz
```

4. 设置 ADC 转换通道顺序及采样时间

```
1  ADC_RegularChannelConfig ( ADC1, ADC_Channel_1, 1, ADC_SampleTime_239Cycles5 ) ; //
   ADC1 选择通道 1,顺序为 1,采样时间 239.5 个周期
```

5. 配置使能 ADC 转换完成中断（如果需要 ADC 中断处理才执行该步骤）

```
1   ADC_ITConfig(ADC1,ADC_IT_EOC,ENABLE);//转换结束后产生中断
```

6. 使能 ADC

```
1   ADC_Cmd(ADC1,ENABLE);//开启 ADC1
```

7. ADC 校准

如果没有经过校准，A/D 转换结果是不准确的。在校准期间，每个电容器上都会计算出一个误差修正码（数字值），这个码用于消除在随后的转换中每个电容器上产生的误差。校准可大幅度减小因内部电容器组的变化而造成的准精度误差。建议在每次上电后都进行一次自校准。ADC 校准的库函数语句如下：

```
1   ADC_ResetCalibration(ADC1);                      //初始化(复位)ADC1 校准寄存器
2   while(ADC_GetResetCalibrationStatus(ADC1));      //等待 ADC1 校准初始化完成
3   ADC_StartCalibration(ADC1);                      //开始 ADC1 校准
4   while(ADC_GetCalibrationStatus(ADC1));           //等待 ADC1 校准完成
```

8. ADC 转换结果的读取

用软件启动一次转换并且读取转换结果的方法如下：

```
1   ADC_SoftwareStartConvCmd(ADC1,ENABLE);           //软件启动 ADC1 的转换
2   while(!ADC_GetFlagStatus(ADC1,ADC_FLAG_EOC));     //等待转换结束
3   return ADC_GetConversionValue(ADC1);             //返回最近一次转换结果
```

11.3 应用案例：ADC 实现单通道电压采集

11.3.1 案例目标

使用 STM32F103R6 采集可变电阻上的电压信号，并通过计算把当前 ADC 转换值和电压值显示在 LCD1602 液晶显示屏上。对照电压表的读数，验证 ADC 的准确性。

11.3.2 电路设计

在 Proteus 设计 STM32F103xx 单片机采集可变电阻电压信号的电路，如图 11-2 所示。

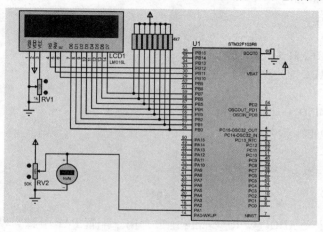

图 11-2 Proteus 电路原理图

其中，LCD1 是 LM016L 器件，其功能与常见的 LCD1602 液晶显示屏相同。STM32F103xx 单片机通过 ADC1 的通道 1（PA1 引脚）采集电压值。

11.3.3 代码实现

在 MDK 模板工程的基础上新建 MDK 工程 Proj_adc，按照以下步骤完成工程创建：

1. 构建工程框架

在 Proj_adc 的"BSP"目录新建文件："adc. h""adc. c""lcd1602. h""lcd1602. c"。通过"Manage Project Items"对话框将"adc. c"和"lcd1602. c"添加到工程的"BSP"组中，在标准库中选择"stm32f10x_adc. c"和"stm32f10x_rcc. c"文件添加到"FWLib"组中。添加完成后，工程框架如图 11-3 所示。当然，还需要像 Pro02 一样在"USER"中创建"includes. h"和"vartypes. h"。将"Options"对话框"Output"选项卡下的"Name of Executable"设置为"Proj_adc. elf"。这样，工程经过调试后最终生成的程序文件就是"Proj_adc. elf"和"Proj_adc. hex"两个文件，其中的任一文件都可以加载到图 11-2 的 U1，程序就会被 STM32F103xx 单片机执行。

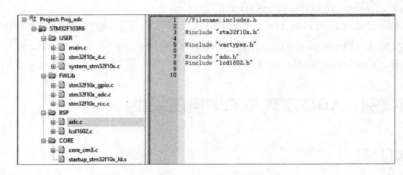

图 11-3 Proj_adc 工程框架

2. 编辑 adc 模块

"adc. h"如代码 11-1 所示。

代码 11-1 adc. h 代码

```
1   //Filename：adc. h
2   #include "vartypes. h"
3
4   #ifndef   __ADC_H
5   #define   __ADC_H
6
7   void ADC1_GPIO_Config( void) ;
8   void ADC_Config( void) ;
9   uint16_t Get_Adc( void) ;
10  uint16_t Get_Adc_Average( Int08U times) ;
11
12  #endif
```

在"adc. c"中定义 ADC1_GPIO_Config 函数，用于配置 PA1 引脚为模拟输入。定义 ADC_Config 函数，用于进行 ADC 初始化配置。定义 Get_Adc 函数，用于获得 ADC 转换值。定义 Get_

Adc_Average 函数，用于获得指定通道多次 A/D 转换结果的平均值。"adc. c" 如代码 11-2 所示。

需要注意的是，程序运行于 Proteus 时，校准会导致无限等待，因此不要校准；程序运行于实际硬件时，应加以校准。

代码 11-2　adc. c 代码

```
1    //Filename：adc. c
2    #include " includes. h"
3
4    void ADC1_GPIO_Config(void)   //ADC 引脚初始化配置
5    {
6        GPIO_InitTypeDef GPIO_InitStructure;//GPIO 初始化结构体变量
7        RCC_APB2PeriphClockCmd(RCC_APB2Periph_GPIOA | RCC_APB2Periph_ADC1 , ENABLE);//使能 ADC1 , GPIOA 时钟
8        GPIO_InitStructure. GPIO_Pin = GPIO_Pin_1;//指定引脚
9        GPIO_InitStructure. GPIO_Mode = GPIO_Mode_AIN;//模拟输入
10       GPIO_Init(GPIOA , &GPIO_InitStructure);//初始化 GPIOA
11   }
12
13   void ADC_Config(void)//ADC 初始化配置
14   {
15       ADC_InitTypeDef ADC_InitStructure;//ADC 初始化结构体变量
16       ADC_InitStructure. ADC_Mode = ADC_Mode_Independent;//ADC1 和 ADC2 工作在独立模式
17       ADC_InitStructure. ADC_ScanConvMode = DISABLE;  //单通道
18       ADC_InitStructure. ADC_ContinuousConvMode = ENABLE;//ADC 转换工作在连续模式
19       ADC_InitStructure. ADC_ExternalTrigConv = ADC_ExternalTrigConv_None;//由软件控制转换,不使用外部触发
20       ADC_InitStructure. ADC_DataAlign = ADC_DataAlign_Right;//转换数据右对齐
21       ADC_InitStructure. ADC_NbrOfChannel = 1;//转换通道数为 1
22       ADC_Init(ADC1 , &ADC_InitStructure);//初始化 ADC
23
24       RCC_ADCCLKConfig(RCC_PCLK2_Div8);//配置 ADC 时钟为 CLK2 的 8 分频
25       ADC_RegularChannelConfig(ADC1 , ADC_Channel_1 , 1 , ADC_SampleTime_239Cycles5);//ADC1 选择通道 1,顺序为 1,采样时间 239. 5 个周期
26       ADC_Cmd(ADC1 , ENABLE);//开启 ADC1
27
28       / *程序运行于 Proteus 时,校准会导致无限等待,不要校准;运行于实际硬件时,应加以校准
29       ADC_ResetCalibration(ADC1);//初始化(复位)ADC1 校准寄存器
30       while(ADC_GetResetCalibrationStatus(ADC1));//等待 ADC1 校准初始化完成
31       ADC_StartCalibration(ADC1);//开始 ADC1 校准
32       while(ADC_GetCalibrationStatus(ADC1));//等待 ADC1 校准完成
33       * /
34   }
35
36   Int16U Get_Adc(void)   //获得 ADC 转换值
```

```
37    {
38        ADC_SoftwareStartConvCmd(ADC1,ENABLE);//软件启动 ADC1 的转换
39        while(!ADC_GetFlagStatus(ADC1,ADC_FLAG_EOC));//等待转换结束
40        return ADC_GetConversionValue(ADC1);//返回最近一次转换结果
41    }
42
43    Int16U Get_Adc_Average(Int08U times)//获得指定通道多次 A/D 转换结果的平均值
44    {
45        Int32U temp_val = 0;
46        Int08U i;
47        for(i = 0;i < times;i + + )
48            temp_val + = Get_Adc(ch);    //累加
49
50        return temp_val/times;//返回平均值
51    }
```

3. 编辑 lcd1602 模块

lcd1602 模块用来控制静态显示的数码管。"lcd1602. h" 和 lcd1602. c" 如代码 11-3、代码 11-4 所示。

代码 11-3   lcd1602. h 代码

```
1    //Filename:lcd1602. h
2    #include "vartypes. h"
3
4    #ifndef _LCD1602_H
5    #define _LCD1602_H
6
7    #define LCD1602_CLK    RCC_APB2Periph_GPIOB
8
9    #define LCD1602_GPIO_PORT    GPIOB
10
11    #define LCD1602_E        GPIO_Pin_10//定义使能引脚
12    #define LCD1602_RW    GPIO_Pin_11//定义读写引脚
13    #define LCD1602_RS    GPIO_Pin_12//定义数据、命名引脚
14
15    #define EO(X)
     X?(GPIO_SetBits(LCD1602_GPIO_PORT,LCD1602_E)):(GPIO_ResetBits(LCD1602_GPIO_
     PORT,LCD1602_E))
16    #define RWO(X)
     X?(GPIO_SetBits(LCD1602_GPIO_PORT,LCD1602_RW)):(GPIO_ResetBits(LCD1602_
     GPIO_PORT,LCD1602_RW))
17    #define RSO(X)
     X?(GPIO_SetBits(LCD1602_GPIO_PORT,LCD1602_RS)):(GPIO_ResetBits(LCD1602_
     GPIO_PORT,LCD1602_RS))
18
```

```
19    #define DB0    GPIO_Pin_0
20    #define DB1    GPIO_Pin_1
21    #define DB2    GPIO_Pin_2
22    #define DB3    GPIO_Pin_3
23    #define DB4    GPIO_Pin_4
24    #define DB5    GPIO_Pin_5
25    #define DB6    GPIO_Pin_6
26    #define DB7    GPIO_Pin_7
27
28    void LCD1602_Init(void);    //初始化 LCD602;
29    void LCD1602_ShowStr(Int08U x,Int08U y,Int08U * str,Int08U len);
30    void LCD_ShowNum(Int08U x,Int08U y,Int08U num);
31    void LCD_ShowChar(Int08U x,Int08U y,Int08U dat);
32    void Delay_Us(Int32U nus);
33
34    #endif
```

代码 11-4   lcd1602. c 代码

```
1     //Filename:lcd1602. c
2     #include " includes. h"
3
4     void LCD1602_GPIO_Config(void)
5     {
6        RCC_APB2PeriphClockCmd(LCD1602_CLK,ENABLE);
7        GPIO_InitTypeDef LCD1602_GPIOStruct;
8        LCD1602_GPIOStruct. GPIO_Mode = GPIO_Mode_Out_PP;
9        LCD1602_GPIOStruct. GPIO_Speed = GPIO_Speed_10MHz;
10       LCD1602_GPIOStruct. GPIO_Pin = LCD1602_E|LCD1602_RS|LCD1602_RW;
11       GPIO_Init(LCD1602_GPIO_PORT,&LCD1602_GPIOStruct);
12       LCD1602_GPIOStruct. GPIO_Mode = GPIO_Mode_Out_OD;
13       LCD1602_GPIOStruct. GPIO_Pin = DB0|DB1|DB2 |DB3|DB4|DB5|DB6|DB7;//设置为开
          漏输出
14       GPIO_Init(LCD1602_GPIO_PORT,&LCD1602_GPIOStruct);
15    }
16
17    void LCD1602_WaitReady(void)//检测忙状态
18    {
19    uint8_t sta;
20
21       GPIOB-> ODR = 0x00FF;
22       RSO(0);
23       RWO(1);
24       EO(1);
25       Delay_Us(1);
26       do{
```

```
27        sta = GPIO_ReadInputDataBit(LCD1602_GPIO_PORT,GPIO_Pin_7);
28        EO(0);
29      } while(sta);
30  }
31
32  void LCD1602_WriteCmd(Int08U cmd) //写指令
33  {
34      LCD1602_WaitReady();
35      RSO(0);
36      RWO(0);
37      EO(0);
38      Delay_Us(1);
39      EO(1);
40      LCD1602_GPIO_PORT->ODR & = (cmd|0xFF00);
41      EO(0);
42      Delay_Us(400);
43  }
44
45  void LCD1602_WriteDat(Int08U dat) //写数据
46  {
47      LCD1602_WaitReady();
48      RSO(1);
49      RWO(0);
50      Delay_Us(30);
51      EO(1);
52      LCD1602_GPIO_PORT->ODR & = (dat|0xFF00);
53      EO(0);
54      Delay_Us(400);
55  }
56
57  void LCD1602_SetCursor(Int08U x,Int08U y)
58  {
59      Int08U addr;
60      if(y==0)   //由输入的屏幕坐标计算显示 RAM 的地址
61          addr = 0x00 + x;   //第一行字符地址从 0x00 起始
62      else
63          addr = 0x40 + x;   //第二行字符地址从 0x40 起始
64      LCD1602_WriteCmd(addr|0x80);   //设置 RAM 地址
65  }
66
67  void LCD1602_ShowStr(Int08U x,Int08U y,uint8_t * str,Int08U len)
68  {
69      LCD1602_SetCursor(x,y); //设置起始地址
70      while (len - - )          //连续写入 len 个字符数据
```

```
71              LCD1602_WriteDat( * str ++ );
72  }
73
74  void LCD_ShowNum( Int08U x , Int08U y , Int08U num )
75  {
76      LCD1602_SetCursor( x , y );//设置起始地址
77      LCD_ShowChar( x , y , num + 0');
78  }
79
80  void LCD_ShowChar( Int08U x , Int08U y , Int08U dat )
81  {
82      LCD1602_SetCursor( x , y );//设置起始地址
83      LCD1602_WriteDat( dat );
84  }
85
86  void LCD1602_Init( void )
87  {
88      LCD1602_GPIO_Config( );      //开启 GPIO 口
89      LCD1602_WriteCmd( 0X38 );    //16 * 2 显示,5 * 7 点阵,8 位数据接口
90      LCD1602_WriteCmd( 0x0C );    //显示器开,光标关闭
91      LCD1602_WriteCmd( 0x06 );    //文字不动,地址自动 +1
92      LCD1602_WriteCmd( 0x01 );    //清屏
93  }
94
95  void Delay_Us( Int32U nus )
96  {
97      Int08U i;
98      while( nus -- )
99          for( i = 10 ; i > 1 ; i -- );
100 }
```

4. 编辑 main 函数

在 main 函数中调用 LCD1602 初始化函数、ADC1 引脚初始化配置函数和 ADC 初始化函数，调用 LCD1602_ShowStr 进行初始化的显示控制。在随后的 while 循环中，调用 Get_Adc_Average 函数获取 ADC1 通道 1（即 PA1 引脚）的 10 次 A/D 转换结果的平均值，并把这一平均值显示在液晶屏的第一行。然后根据 A/D 转换值与模拟电压值之间的数学关系计算出模拟电压值，并把模拟电压值显示在液晶屏的第二行。

需要注意的是：Proteus 中默认 A/D 转换时的参考电压是 +5V，所以当输入电压为 5V 时，对应的 12 位 ADC 转换结果是最大值，即 $2^{12} - 1 = 4095$。设任意模拟电压大小为 Y，对应的转换结果为 X，则根据 A/D 转换原理，有

$$\frac{Y}{X} = \frac{5}{4095}$$

从而得到电压值

$$Y = \frac{5X}{4095}$$

电压值通过 voltage = (float) adc_value * 5.0/4095; 来计算，"5.0"保留小数位是为了告诉编译器这里的乘、除法都按照浮点数乘除法来计算。如果去掉了小数点和小数位，将按照整数乘除法规则来计算，导致计算结果没有意义。

而在实际硬件电路中，Vref + 不得超过 3.3V，否则有烧坏芯片的危险。所以算式中的"5.0"应改为 Vref + 的实际值（要保留小数位），并且要特别注意 ADC 的输入电压不得超出此范围：Vref − ≤ Vin ≤ Vref + 。

"main. c"如代码 11-5 所示。

代码 11-5　main. c 代码

```
1    //Filename:main. c
2    #include "includes. h"
3
4    int main(void)
5    {
6        uint16_t adc_value,temp;
7        uint16_t adc_ones,adc_tens,adc_hundreds,adc_thousands;
8        uint16_t ones_place,tenths,hundredths,thousandths;
9        float voltage;
10
11       LCD1602_Init();//LCD1602 初始化
12       ADC1_GPIO_Config();//ADC1 引脚初始化配置
13       ADC_Config(); //ADC 初始化配置
14
15       LCD1602_ShowStr(1,0,"ADC_Value = 0000",14);//从第"1"+1 格开始,显示在第"0"
         +1 行,长度是 14
16       LCD1602_ShowStr(1,1,"Voltage = 0.00V",13);//从第"1"+1 格开始,显示在第"1"+
         1 行,长度是 13
17
18       while(1)
19       {
20           adc_value = Get_Adc_Average(10);//10 次转换的平均值
21           adc_thousands = adc_value/1000;//获得 ADC 转换值的千位
22           temp = adc_value%1000;//删除千位及以上的位
23           adc_hundreds = temp/100;//获得 ADC 转换值的百位
24           temp = adc_value%100;//删除百位及以上的位
25           adc_tens = temp/10; //获得 ADC 转换值的十位
26           adc_ones = adc_value%10;//获得 ADC 转换值的个位
27           LCD_ShowNum(11,0,adc_thousands);//第"11"+1 格,第"0"+1 行,显示 ADC 转换
             值的千位
28           LCD_ShowNum(12,0,adc_hundreds);//第 13 格,第 1 行,显示 ADC 转换值的百位
29           LCD_ShowNum(13,0,adc_tens);//第 14 格,第 1 行,显示 ADC 转换值的十位
30           LCD_ShowNum(14,0,adc_ones);//第 15 格,第 1 行,显示 ADC 转换值的个位
```

```
31
32        voltage = (float) adc_value * 5.0/4095;//注意：在实际硬件电路中，Vref + 不得超过
          3.3V，"5.0"应改为 Vref + 的实际值
33        temp = voltage * 1000;
34        thousandths = temp%10;//获得电压值的千分位
35        if(thousandths >= 5)
36            voltage = voltage + 0.01;//百分位四舍五入
37        ones_place = voltage/1;        //获得电压值的个位
38        temp = voltage * 10;
39        tenths = temp%10;        //获得电压值的十分位
40        temp = voltage * 100;
41        hundredths = temp%10;        //获得电压值的百分位
42        LCD_ShowNum(9,1,ones_place);//第 10 格，第 2 行，显示电压值个位
43        LCD_ShowNum(11,1,tenths);//第 12 格，第 2 行，显示电压值十位
44        LCD_ShowNum(12,1,hundredths);//第 13 格，第 2 行，显示电压值千位
45    }
46  }
```

11.3.4 仿真运行结果

项目的仿真模拟结果如图 11-4 所示。

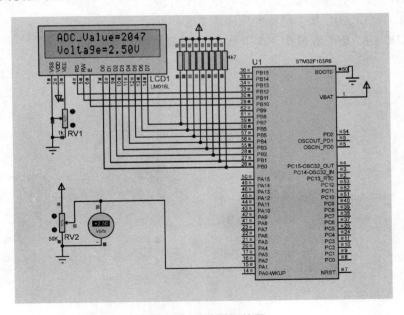

图 11-4 仿真模拟结果

在 MDK 完成编译链接之后，将 "Objects" 文件夹里面生成的 "Proj_adc. elf" 或 "Proj_adc. hex" 文件载入图 11-2 的 U1 中。

在 Proteus 平台单击仿真运行按钮，程序开始运行。仿真运行后，U1 就能对 PA1 引脚的模拟电压进行 A/D 转换，A/D 转换值显示于液晶屏的第一行，换算后的电压值显示在液晶屏的第二行。可以多次修改 RV2 的电位百分比，获得不同的电压值。仿真运行结果表明，

换算后电压值与电压表的测量值是一致的。在实际的硬件系统中，因为存在干扰、误差等因素，这两者不可能完全相等，但是经过软、硬件正确的配置，两者是能做到很接近的。

11.4　小结

本章主要内容为 STM32F103xx 系列芯片的 A/D 转换外设。介绍了 ADC 配置和读取的方法，最后给出一个电压采集和显示的实际案例。注意：在 STM32F103xx 硬件平台和 Proteus8.6 SP2 仿真平台上的对比测试，可发现仿真平台中 STM32F103xx 的 ADC 功能目前还存在一定的局限性，表现在 ADC 校准操作时会导致无限等待。因此，为仿真目的而编写的工程不要进行校准；而当工程运用于实际硬件时，应加以校准。

11.5　习题

1. 简述 STM32 ADC 系统的功能特性。
2. ADC 的性能指标有哪些？分别有什么含义？
3. ADC 的分辨率、精度的含义分别是什么？有什么区别？
4. ADC 的参考电压和分辨率之间有什么关系？
5. 简述 ADC 各个引脚名称、信号类型及其作用。
6. 常用的 STM32 ADC 相关的标准库函数有哪些？
7. 简述 ADC 初始化配置过程和读取 A/D 转换值的操作流程。

参 考 文 献

［1］张晓利. 嵌入式系统中的处理器技术［J］. 单片机与嵌入式系统应用，2010（8）：12-15.

［2］张勇. ARM Cortex-M3 嵌入式开发与实践——STM32F103［M］. 北京：清华大学出版社，2017.

［3］郭志勇. 嵌入式技术与应用开发项目教程（STM32 版）［M］. 北京：人民邮电出版社，2019.

［4］严海蓉，李达，杭天昊，等. 嵌入式微处理器原理与应用——基于 ARM Cortex-M3 微控制器（STM32 系列）［M］. 2 版. 北京：清华大学出版社，2019.

［5］邢传玺. 嵌入式系统应用实践开发——基于 STM32 系列处理器［M］. 长春：东北师范大学出版社，2019.

［6］贾丹平，桂珺，等. STM32F103x 微控制器与 μC/OS-Ⅱ 操作系统［M］. 北京：电子工业出版社，2017.

［7］曹国平，许檠昊，王宜怀. 嵌入式技术基础与实践基于 ARM Cortex-M4F 内核的 MSP432 系列微控制器［M］. 5 版. 北京：清华大学出版社，2019.

［8］张洋，刘军，严汉宇. 原子教你玩 STM32（库函数版）［M］. 北京：北京航空航天大学出版社，2013.